JOHANNA ESSER

Welpe

HALTEN | ERZIEHEN | BESCHÄFTIGEN

scannen & erleben

KOSMOS

INHALT

AUSSUCHEN

SCANNEN UND ERLEBEN

QR-Codes im Buch scannen: Der schnelle Zugang zu weiteren Infos und Filmen rund um Ihr Tier. Mit diesem Code oder unter www.m.kosmos.de/14408/t1 gelangen Sie zur Übersicht der QR-Codes. Wir empfehlen Ihnen eine WLAN-Verbindung zu nutzen, um lange Ladezeiten zu vermeiden.

VERSORGEN

VERSTEHEN

Welpen richtig
AUSSUCHEN

BESTENS INFORMIERT

S. 8

Passt ein Hund in Ihr Leben?

Sie haben sich ganz bewusst für ein Leben mit Hund entschieden und dabei Ihre Lebensplanung für die kommenden zehn Jahre berücksichtigt? Dann kann es losgehen, das schöne und bunte Leben mit Hund.

S. 10

Rechtliches

Fragen Sie Ihren Vermieter, ob Sie einen Hund halten dürfen, kümmern Sie sich um eine Haftpflichtversicherung und informieren Sie sich über die zu leistende Hundesteuer in Ihrem Wohnort sowie darüber, ob Ihr Wunschhund als gefährlich gelistet ist.

S. 12

S. 16

Welcher Hund passt in Ihr Leben?

Informieren Sie sich über Rassen und Hundetypen und vergleichen Sie die Eigenschaften Ihres Wunschhundes mit Ihren eigenen. Passen Sie und Ihr Wunschhund wirklich zusammen?

Woher Sie einen Hund bekommen

Ihren Hund können Sie auf vielen Wegen bekommen, z. B. vom Züchter, aus dem Tierheim oder aus dem Internet. Informieren Sie sich gründlich und fragen Sie kritisch nach, wenn es um die Herkunftsstätte Ihres Hundes geht.

S. 20

Hunde aus zweiter Hand

Ein Hund aus zweiter Hand kann Ihr absoluter Traumhund werden. Erkundigen Sie sich nach seiner Vergangenheit und seiner Herkunft. Das kann Ihnen helfen, bestimmte Verhaltensweisen des Hundes zu verstehen.

Passt ein Hund
IN IHR LEBEN?

WENN ALLES GUT LÄUFT, wird Ihr Hund durchschnittlich zehn bis zwölf Jahre alt, kleine Rassen werden häufig sogar 15 Jahre und älter. Bei der Anschaffung eines Welpen wird dieser Hund Sie also mindestens die nächsten zehn Jahre begleiten. Die Beurteilung Ihrer momentanen Lebenssituation reicht daher nicht aus, wenn es um die Entscheidung für oder gegen einen Hund geht. Sie müssen sich die Frage stellen, ob Sie einem Hund auch nach mehreren Jahren noch ein Zuhause bieten können. Wie alt werden Sie in zehn Jahren sein und können Sie dem jetzt ausgewählten Hund dann noch ein hundegerechtes Leben bieten? Planen Sie zukünftig eine Familie mit Kindern und ist der Hund dann immer noch erwünscht? Diese und weitere wichtige Aspekte sollten Sie auf jeden Fall berücksichtigen, wenn Sie einen Hund in Ihr Leben holen.

Familien- und Lebenssituation

Geht es um die Beurteilung der eigenen Familien- und Lebenssituation, steht zunächst die kritische und ehrliche Analyse der eigenen Fähigkeiten auf dem Prüfstand. Denn schließlich besitzt Ihr zukünftiger Hund ebenfalls Fähigkeiten und Talente, denen Sie gewachsen sein sollten.

Wie also sieht Ihr Leben aus und was können und wollen Sie leisten? Möchten Sie einen Hund, um mit ihm oder sogar für ihn zu leben? Oder soll Ihr Hund Sie durch Ihr Leben begleiten? Möchten Sie einen Jagdbegleiter oder einen Sportsfreund? Wenn Sie sich diese Fragen ehrlich stellen, kommen Sie zu einem ebenso ehrlichen Ergebnis und können abwägen, ob der favorisierte Hund mit allen seinen Fähigkeiten zu Ihnen und Ihrem Leben passt.

Natürlich werden Sie so oder so Ihre Vorlieben haben, für eine bestimmte Rasse, für einen bestimmten Hundetyp. Und das dürfen Sie auch, das ist menschlich. Aber ist es auch hundegerecht, wenn Sie aufgrund einer bestimmten Farbe oder Körperform einen Hund aussuchen?

Probleme gehören dazu, Sie müssen nur wissen, wie Sie ihnen begegnen und damit umgehen. Und sogar die Probleme müssen zu Ihnen passen. Daher ist es so wichtig, dass Sie den passenden Hund für Ihre Lebenssituation aussuchen. Sind Sie eher der zurückgenommene Typ, fallen Sie in der Öffentlichkeit nicht gerne auf? Dann wäre ein extrovertierter Hund, ein Terrier beispielsweise, keine gute Wahl. Ihrem zukünftigen Hund und sich selbst zuliebe, sollten Sie also eine ehrliche Selbsteinschätzung vornehmen. Dann klappt es auch mit einem glücklichen Miteinander von Mensch und Hund.

Urlaub Am schönsten ist es, wenn Ihr Hund mit in den Urlaub kann. Es gibt viele tolle Reiseziele für Zwei- und Vierbeiner.

Beruf, Hobbys und Urlaub

Ihre berufliche Situation sollte so gestaltet sein, dass Ihr Hund dauerhaft nicht länger als sechs Stunden allein bleiben muss. Können Sie dass nicht gewährleisten, sollten Sie sich rechtzeitig um eine vertrauensvolle Betreuungsmöglichkeit kümmern. Hunde sind hoch soziale Tiere und verkümmern seelisch, wenn sie lange allein sind. Und nicht nur das. Ein allein gelassener Hund kommt mitunter auf weniger schöne Ideen: das Zerstören der Wohnungseinrichtung oder, zur Freude der Nachbarn, ständiges Gejaule und Geheule, sind nur einige mögliche Begleiterscheinungen des Alleinseins.

Hatten Sie bisher zeitaufwendige Hobbys, sollten Sie überlegen, ob sich diese mit einem Hund vereinbaren lassen. Ähnlich ist es mit den zukünftigen Urlaubsplänen. Sind Sie bereit, Ihren Urlaub fortan anders, hundegerechter, zu planen? Wenn Sie Ihren Hund nicht mit in den Urlaub nehmen können oder wollen, weil Sie beispielsweise eine Fernreise planen, sollten Sie sich rechtzeitig um einen verantwortungsbewussten Hundesitter oder um eine gute Hundepension kümmern.

Rechtliches
DARAN SOLLTEN SIE DENKEN

In unserer hochzivilisierten Umwelt werden die Freiräume für Hunde immer begrenzter. Es fängt schon damit an, dass man Hunde häufig nicht ohne eine Genehmigung halten darf. Umso wichtiger ist es, dass Sie im Vorfeld über die rechtlichen Eckdaten Bescheid wissen, bevor Ihr Hund bei Ihnen einzieht. So ersparen Sie sich eine Menge Ärger.

Erlaubnis in Mietwohnungen

Besitzen Sie kein eigenes Haus, müssen Sie sich unbedingt vorher bei Ihrem Vermieter erkundigen, ob ein Hund in der Wohnung oder dem Haus erlaubt ist. Vermieter verbieten häufig die Hundehaltung, da sie eventuelle Lärm- und Schmutzbelästigungen ausschließen möchten.

Gern gesehen Haben Sie die Erlaubnis Ihres Vermieters, steht dem gemeinsamen Glück nichts mehr im Weg.

Ein Muss Ohne eine Haftpflichtversicherung geht es nicht. Kümmern Sie sich rechtzeitig um einen Versicherungsschutz.

Unterschiedlich Die Höhe der Hundesteuer liegt im Ermessen der Gemeinde. Jagdlich geführte Hunde sind oft von der Steuer befreit.

Mangels gesetzlicher Vorschriften bleibt es den Mietparteien überlassen, sich beim Thema Hundehaltung zu einigen. In der Regel setzt sich dabei der Vermieter mit seinen Vorstellungen durch. Deshalb muss dieser Punkt bereits vor Anmietung einer Wohnung geklärt werden. Die Erlaubnis des Vermieters sollte dabei schriftlich fixiert werden.

Bei bereits bestehenden Mietverträgen ist der „Ausschluss jeglicher Tierhaltung" zwar unwirksam, nicht aber das explizite Verbot, Hunde zu halten. Im günstigsten Fall ist im Mietvertrag ausdrücklich das Recht formuliert, Hunde zu halten. Erlaubt der Mietvertrag generell die „Haustierhaltung", dürfen auch Hunde gehalten werden, da Hunde zu den sogenannten „üblichen" Haustieren zählen. Klären Sie daher in jedem Fall vor der Anschaffung eines Hundes, ob dieser bei Ihnen einziehen darf.

Haftpflichtversicherung

Erkundigen Sie sich rechtzeitig nach einer passenden Hundehaftpflichtversicherung. Die Deckungssumme sollte mindestens eine Million Euro betragen. Vergleichen Sie mehrere Anbieter, da teilweise erhebliche Preis- und Leistungsunterschiede bestehen. Sparen Sie bei der Haftpflichtversicherung nicht am falschen Ende. Verursacht

Ihr Hund beispielsweise einen Autounfall und Sie werden als Halter dafür haftbar gemacht, können erhebliche Kosten auf Sie zukommen (Krankenhauskosten, Reparaturkosten, Schmerzensgeld usw.).

Hundesteuer

Die Erhebung der Hundesteuer liegt im Ermessen der einzelnen Kommunen und Gemeinden. Die Höhe der Besteuerung ist daher von Kommune zu Kommune unterschiedlich und richtet sich nach den in der jeweiligen Gemeindesatzung aufgestellten Kriterien. Dazu zählen:

- Unterschiedliche Besteuerung einzelner Rassen
- Mögliche Steuererleichterungen für bestimmte Arbeitshunde, z. B. Blinden-, Therapie-, Jagd- oder Rettungshunde
- Anzahl der gehaltenen Hunde

Manche Gemeinden erheben für den zweiten Hund die doppelte Hundesteuer und für den dritten Hund noch mal 50 oder 100 % mehr als für den Zweithund. Steht Ihr Hund auf einer behördlichen Rasseliste, wird's noch teurer. Summen, die das Fünffache der regulären Hundesteuer einer Gemeinde betragen, sind leider nicht selten. Anfragen bzgl. der Hundesteuer sind an die zuständige Stadtverwaltung zu richten. ■

Welcher Hund

PASST IN IHR LEBEN?

IM IDEALFALL steht am Anfang der Entscheidungsfindung die Frage: Passen wir überhaupt zusammen? Und diese Frage sollte man ehrlich beantworten. Geht man nur nach dem äußeren Erscheinungsbild eines Hundes, sind unschöne Überraschungen vorprogrammiert. Wer sich einen Pointer nur aussucht, weil er ihn hübsch findet, sich aber nicht im Klaren darüber ist, dass er in erster Linie ein exzellenter Jäger ist, wird nicht viel Freude mit seinem vierbeinigen Freund haben. Einem Pointer den Wunsch zu jagen abzugewöhnen ist unmöglich – die Genetik eines Hundes kann man nicht wegerziehen. Man kann die Jagdpassion allerdings kontrollierbar machen – aber auch das ist nicht einfach und es muss einem liegen, sich tagtäglich mit diesem Verhalten auseinanderzusetzen.

Viel einfacher und für beide Seiten schöner wäre es, wenn Sie sich Ihren Wunschhund nach dessen Wesen, Ihrer eigenen Kompetenz, Ihren

Ein Golden Retriever ist von Geburt an ein apportierfreudiger Hund, ...

... ein kleiner Pointer wird einmal ein exzellenter Jagdhund ...

... und ein Terrierwelpe wird zu einem mutigen Hund heranwachsen.

Vorlieben und Fähigkeiten aussuchen würden. Läuft und jagt Ihr Hund gern? Können und wollen Sie damit umgehen? Oder sind Sie eher der ruhige und zurückhaltende Typ, der um keinen Preis auffallen möchte? Dann wäre ein Rottweiler der falsche Hund, ein Terrier auch. Setzen Sie sich hingegen gern aktiv mit einer kleinen Hundepersönlichkeit auseinander und scheuen Sie sich nicht, das auch in der Öffentlichkeit zu tun, könnten eben genannte Rassen passen. Fragen Sie sich auch, ob Sie die Eigenschaften Ihres Hundes für die nächsten zehn Jahre oder länger akzeptieren wollen. Können oder wollen Sie das nicht, kann das schlimme Folgen für Ihren Hund haben: Einen Pointer ein Leben lang anzuleinen ist genauso tierschutzrelevant wie das ewige Wegsperren eines nicht mehr kontrollierbaren Terriers.

Rassehund oder Mischling?

Rassehund oder Mischling? Diese Frage werden Sie sich eventuell auch stellen. Einen Rassehund(welpen) bekommen Sie in der Regel bei einem sorgfältig ausgesuchten Züchter, einen Mischling auf vielen möglichen Wegen, z. B. im Tierheim, aus einer Zeitungsanzeige oder aus dem Nachbardorf.

Bei einem Rassehund wissen Sie ziemlich genau, wie Ihr Hund einmal werden wird. Sie wissen, wie groß Ihr Hund wird und welche Eigenschaften und Veranlagungen er mitbringt. Ein Mischlingswelpe macht es Ihnen da schon schwerer: Nicht immer lässt sich mit Sicherheit sagen, welche Rassen an seiner Entstehung mitgewirkt haben. Somit sind auch die zu erwartenden Eigenschaften nicht immer voraussagbar. Wenn Sie sich für einen Mischling entscheiden, bekommen Sie ein kleines Überraschungspaket. ■

RASSEN
1. **Französische Bulldogge   Ein netter Begleithund.**
2. **Beagle   Ein Jagdhund mit gutmütigem Wesen.**
3. **Australian Shepherd   Er braucht Beschäftigung.**

RÜDE ODER
Hündin?

DIE ENTSCHEIDUNG für einen Rüden oder eine Hündin ist eine wichtige. Denn spätestens ab der Pubertät stellen sich bedeutende Unterschiede ein. Verallgemeinert kann man sagen, dass Hündinnen in der Regel leichter zu handeln sind. Rüden sind mit dem Erreichen der Geschlechtsreife häufig damit beschäftigt, ihre Umgebung und die Konkurrenz im Auge zu behalten. Sie lassen sich schneller ablenken, und dementsprechend ist es schwieriger, sie auf die eigene Person zu konzentrieren.

Geschlechterwahl Rüde und Hündin entwickeln sich unterschiedlich. Überlegen Sie sich, was Ihnen mehr liegen könnte.

Rüde

Rüden gehen Konfrontationen mit Geschlechtsgenossen gern auch mal NICHT aus dem Weg – sie plustern sich auf, „gockeln" herum und würden am liebsten der ganzen Welt zeigen, wie toll sie sind. Dieses „Männergehabe" muss man ertragen und bei Bedarf auch regeln können. Hündinnen sind diesbezüglich anders und veranstalten selten einen solchen Showlauf.
Zu diesem „Männergehabe" gehört bei Rüden auch das Markierverhalten. Eine mitunter nervenaufreibende Angelegenheit. Ein geschlechtsreifer Rüde markiert, also kennzeichnet sein vermeintliches Revier und andere Stellen mit seinem Urin, um anderen Rüden zu zeigen, dass er hier der Platzhirsch ist. Bei einem Spaziergang kann das sehr lästig werden, da ein Rüde alle Markierungen aller anderen Rüden ausgiebig beschnüffelt, um dann auch noch seine eigene Duftmarke zu hinterlassen.

Hündin

Entscheiden Sie sich für eine Hündin, sehen Sie sich zweimal jährlich mit dem Problem der Läufigkeit konfrontiert. In der ersten Phase (Prooöstrus) hat die Hündin blutigen Scheidenausfluss und wehrt Rüden noch vehement ab.

In der zweiten Phase der Läufigkeit (Östrus) wird der Ausfluss klar. Zwar ist die Hündin nur wenige Tage der insgesamt drei bis vier Wochen dauernden Läufigkeit empfängnisbereit (Standhitze oder Stehtage genannt). Für die Rüden ist sie aber die gesamte Zeit hochinteressant.

Eine läufige Hündin riechen Rüden über große Entfernungen, und nicht selten belagern Rüden penetrant die Orte, an denen sich die paarungswillige Damenwelt aufhält. Sie sollten Ihre Hündin daher stets an der Leine führen, wenn sie läufig ist.

Gehen Sie wenn möglich außerdem in eher einsamen Gegenden spazieren, freilaufende Rüden können sehr aufdringlich und lästig sein. Aber auch Hündinnen reißen gelegentlich aus, um einen paarungswilligen Rüden zu finden.

Einige Hündinnen werden nach der Läufigkeit scheinträchtig. Sie verhalten sich dabei so, als wären sie gedeckt worden. Dieses Verhalten hat hormonelle Ursachen. Scheinträchtige Hündinnen können Milch produzieren und/oder schleppen alle möglichen Dinge in ihr Körbchen, sozusagen als Welpenersatz. Bis zu einem gewissen Grad ist dieses Verhalten normal, manche Hündinnen steigern sich jedoch regelrecht in ihre Mutterrolle hinein, bis hin zu depressionsartigen Zuständen.

Entscheiden Sie sich für einen Rüden, haben Sie kein Läufigkeitsproblem oder ein Problem mit ungewolltem Nachwuchs. Allerdings haben Sie unter Umständen ein Problem auf der anderen Seite: einen liebesverrückten Rüden. Es kann vorkommen, dass Ihr Rüde stundenlang heult, jammert und nichts mehr frisst, weil er unbedingt zu einer läufigen Hündin in der Nachbarschaft möchte. Passen Sie während dieser Zeit also gut auf ihn auf, denn er wird jede Möglichkeit nutzen, um seinem „Gefängnis" zu entkommen. ■

MACHOS UNTER SICH
1. **Zwei junge Rüden** umkreisen sich angespannt.
2. **„Mein Platz"**, sagt der Dunkle durch Markieren.
3. **„Nee, Meiner"**, erwidert der Braune per Duftmarke.

Woher Sie
EINEN HUND BEKOMMEN

Ist die Entscheidung für einen Hund gefallen, haben Sie mehrere Möglichkeiten, sich diesen Wunsch zu erfüllen. Das Angebot ist groß – und nicht einfach zu durchschauen. Unterscheiden lassen sich professionelle Züchter, Hobbyzüchter und Vermehrer bzw. Massenzüchter. Außerdem können Sie Ihren Hund aus dem Internet, dem Tierheim oder aus dem Ausland bekommen. Wichtig ist, dass Sie mit gesundem Menschenverstand an den Hundekauf herangehen.

Professionelle Züchter

Professionelle Züchter sind für ihre Welpen da, und zwar nicht nur dann, wenn Sie sich zu einem Besuch ankündigen. Sie haben Ahnung von dem, was sie tun. Sie züchten ihre Hunde mit viel Liebe und Sachverstand und achten genau darauf, an wen sie ihre Hunde verkaufen.

Die meisten professionellen Züchter sind einem der vielen Verbände angeschlossen, die die jeweiligen Rassestandards und Zuchtrichtlinien kontrollieren. In Deutschland ist der VDH, der Verband für das Deutsche Hundewesen, die größte Dachorganisation. Er betreut 175 Mitgliedsvereine mit über 650 000 Mitgliedern. Hier erhalten Sie einen Welpen mit Papieren, die im Wesentlichen etwas über die Vorfahren und über die Abstammung Ihres Hundes aussagen.

Hallo Leben Bei einem neugeborenen Welpen sind Augen und Ohren noch geschlossen, erst mit ca. 10 Tagen öffnen sie sich.

Lebenswichtige Milchquelle Gesunde Welpen beginnen zu trinken, sobald sie geboren sind.

Austesten Mit zunehmendem Alter wird das gesamte Verhaltensrepertoire „durchgespielt", erste Grenzen werden etabliert.

Geborgenheit Ein kleiner Welpe braucht die Nähe und Fürsorge seines Menschen. Gemeinsame Kuschelstunden verbinden.

Verantwortungsbewusst

Wie aber erkennen Sie nun, ob der von Ihnen ausgewählte Züchter auch ein guter und verantwortungsbewusster Züchter ist? Ein verantwortungsbewusster Züchter hat weder einen Halbtagsjob, noch arbeitet er ganztags. Er ist für seine Welpen da und kümmert sich darum, sie an die belebte und unbelebte Umwelt zu gewöhnen. Und diese Umwelt ist laut, warm, kalt, nass oder stürmisch. Es fallen Topfdeckel auf den Boden, es wird gestaubsaugt und die Welpen nehmen aktiv am Familienleben teil. Fragen Sie ihn, wie seine Hunde gehalten werden, was er alles mit den Welpen bis zur Abgabe unternimmt und wie häufig Sie ihn besuchen können. Darüber hinaus wird sich ein guter Züchter nach Ihren Lebensumständen erkundigen und danach, was Sie mit dem Hund vorhaben. Jede Hunderasse hat ihre rassetypischen Eigenschaften und Besonderheiten, und einem guten Züchter ist sehr daran gelegen, dass seine Hunde in die passenden Hände kommen und rassegerecht beschäftigt werden. Dazu gehört natürlich auch, dass er offen und ehrlich über seine Rasse berichtet und auch die eventuell schwierigen Eigenschaften nicht verschweigt. Das soll Sie nicht verstören, sondern einfach gründlich vorbereiten.

Züchter und ihre Hunde

Wünschenswert bei einem guten Züchter ist auch, dass er von sich aus mit Ihnen Kontakt aufnehmen und mehr über Sie erfahren möchte. Schließlich soll der kleine Welpe in Ihr Leben passen. Im eigenen Interesse sollten Sie den Züchter mehrere Male besuchen, um sich ein möglichst realistisches Bild von ihm und seinen Hunden zu machen. Als potenzieller Welpenkäufer sollten Sie auf jeden Fall die Mutterhündin zu Gesicht bekommen. Welchen Eindruck macht diese auf Sie? Ist sie unruhig, hektisch oder sogar ängstlich und aggressiv? Oder begegnet sie Ihnen gelassen, entspannt und freundlich? Wie reagiert die Mutterhündin auf den Züchter? Vertraut sie ihm und lässt sie sich beeinflussen?
Haben Sie Ihren Hund bekommen, wird Ihnen ein verantwortungsvoller Züchter auch weiterhin mit Rat und Tat zur Seite stehen. Nicht immer findet sich eine passende Zuchtstätte in Ihrer Nähe, eventuell müssen Sie weite Wege in Kauf nehmen, um den Traumhund zu bekommen. ■

BEIM ZÜCHTER Hier wird der Grundstein für das spätere Hundeleben gelegt. Unter www.m.kosmos.de/14408/v2 gelangen Sie auch zum Film.

Hobbyzüchter
UND ANDERE ANBIETER

HOBBYZÜCHTER sind in der Regel keinem Verband angeschlossen und machen häufig „nur mal so" einen Wurf – weil sie wollen, dass ihre Hündin Welpen bekommt oder weil es einfach passiert ist. Grundsätzlich ist weder der eine noch der andere Grund ein verwerflicher.

Prinzipiell gilt für den Hobbyzüchter das Gleiche wie für den professionellen Züchter. Machen Sie sich ein umfassendes Bild von den Zuchtverhältnissen und achten Sie darauf, dass er Ihnen den Hund nicht „nebenbei" verkaufen will.

Bei einem Hobbyzüchter bekommen Sie einen Welpen in der Regel günstiger als bei einem professionellen Züchter. Das liegt daran, dass die Welpen meistens keine offiziellen Papiere haben. Hinzu kommt, dass der Hobbyzüchter keine mehr oder weniger strengen Auflagen eines Zuchtverbandes zu erfüllen hat. Das spart eine Menge Geld. Achten Sie bei besonders beliebten Rassen darauf, dass der Hobbyzüchter über Rassekrankheiten und mögliche Gendefekte Bescheid weiß oder diese zumindest kennt.

Vertrauen Ein inniges Miteinander zwischen Mutterhündin und Welpen ist die Basis für einen guten Start ins Leben.

Mutterpflichten Eine Hundemutter leistet während der Welpenaufzucht viel und bedarf deshalb sorgfältiger Pflege.

Erleben Die Welt ist für den Welpen ein einziges Abenteuer. Ein guter Züchter kümmert sich um Abwechslung im Welpenalltag.

Vermehrer & Massenzüchter

Von dieser Art Hundeverkäufer sollten Sie auf gar keinen Fall einen Hund kaufen. Vermehrer und Massenzüchter erkennen Sie daran, dass Sie Welpen verschiedener Rassen anbieten. Häufig ist die Mutterhündin „gerade nicht da" und weitere erwachsene Hunde des Händlers bekommen Sie auch nicht zu sehen.

Diese Menschen sind verantwortungslos. Gleiches gilt für Massenzüchter. Hier sind die Hündinnen zwar meist vorhanden, werden aber als reine Gebärmaschinen missbraucht. Die Hündinnen und ihre Welpen werden häufig in Verschlägen, Ställen oder kellerartigen Räumen gehalten. Sie wachsen somit ohne Kontakt zu Menschen und ohne Umweltreize auf. Die so wichtige Sozialisierung findet praktisch nicht statt. Das kann fatale Folgen für die Entwicklung eines Hundes haben, da dieser sich nur schwer in seiner „neuen Welt" zurechtfinden wird. Die fehlende Sozialisierung und Prägung ist, wenn überhaupt, nur sehr bedingt noch nachzuholen. Die wichtigste Zeitspanne für die Entwicklung eines Hundes ist unwiederbringlich verloren.

Im Vergleich zu professionellen Züchtern sind die Hunde bei Vermehrern und Massenzüchtern eher günstig. Sie können den von Ihnen ausgewählten Welpen häufig sofort mitnehmen und man stellt Ihnen keine weiteren Fragen.

Internetbörsen

Absolute Vorsicht ist beim Hundekauf im Internet geboten. Mit niedlichen Bildern werden Welpen aller Rassen dort zu eher günstigen Preisen angeboten. Kaufen Sie niemals ungesehen einen Hund, nur weil das Bild so niedlich, er so preiswert oder die Gelegenheit gerade passend ist! Solche Hunde sind oft krank und können Verhaltensstörungen aufweisen, die sich in Überängstlichkeit, Unsicherheit oder angstbedingter Aggressivität äußern können. Der Grund für diese häufig nur schwer behebbaren Verhaltensstörungen liegt in der menschenfernen, reizarmen Umgebung, in der diese Hunde oft aufwachsen. Es fehlt den kleinen Welpen an Kontakten zu Menschen und an Umweltreizen, die sie „fit fürs Leben" machen.

Informieren Sie sich, wenn Sie einen Hund aus dem Internet kaufen wollen, und gucken Sie sich die Welpen, die Hundemutter und die Umgebung, in der die Hundefamilie aufwächst, genau an. Lassen Sie sich nicht mit fadenscheinigen Ausreden abfertigen, warum Sie die Hunde jetzt nicht sehen können. Werden Sie auch stutzig, wenn man Ihnen ein Treffen auf einer Autobahnraststätte oder einem Ort fern der Welpenaufzuchtstätte zur Übergabe anbietet. Ihr gesunder Menschenverstand wird Ihnen sicherlich sofort sagen, dass das nicht richtig sein kann. ■

HUNDE AUS
zweiter Hand

HUNDE AUS ZWEITER HAND können Sie z. B. im Tierheim oder auch im Ausland finden. Informieren Sie sich genau über die Vergangenheit und die Herkunft des Hundes, für den Sie sich interessieren. Das kann Ihnen helfen, bestimmte Verhaltensweisen Ihres Hundes zu verstehen.

Ein Hund aus dem Tierheim

Im Tierheim finden Sie nicht unbedingt einen Welpen, meistens sind es Junghunde oder erwachsene Hunde, die aus unterschiedlichen Gründen dort gelandet sind. Hunde aus dem Tierheim haben in der Regel eine Vorgeschichte. Wichtig ist, dass Sie sich bewusst sind, dass Sie mit dieser Vorgeschichte bzw. mit diesem Problem auch umgehen können. Der „arme" Border-Collie-Mix, der abgegeben wurde, weil er „einfach so" die Nachbarin in die Wade gezwickt hat, wird zukünftig einen kompetenten und fachkundigen Hundehalter benötigen, damit er nicht bald wieder im Tierheim landet. Eventuell werden Sie die professionelle Hilfe eines Hundetrainers benötigen. Sie dürfen jetzt nicht glauben, dass im Tierheim

Bunter Mix Mischlingswelpen sind immer ein Überraschungspaket. Gut ist, wenn man weiß, wer mitgemischt hat.

Import Hunde aus dem Süden gelten als sozial und unkompliziert. Pauschalaussagen sind jedoch mit Vorsicht zu genießen.

Nimm mich! Auch Rassehunde sind im Tierheim zu finden. Warum er dort gelandet ist? Jeder Hund hat seine Vorgeschichte.

Ein Hund aus dem Ausland

Haben Sie sich dafür entschieden, einen Hund aus dem Ausland zu adoptieren, also von einer Tierschutzorganisation oder Nothilfe, sollten Sie einige Aspekte bedenken: Auf keinen Fall dürfen Sie sich aus Mitleid für einen Hund entscheiden. Beispielhaft seien hier die allseits beliebten Hunde aus dem Süden angeführt. Diese stehen stellvertretend für viele andere Hunde aus mittlerweile fast allen Teilen der Welt.

Fragt man Menschen, warum es denn gerade ein Hund aus dem Ausland sein soll, so hört man oftmals die gleichen Argumente: Diese Hunde seien ja so sozial, unkompliziert, anspruchslos und unglaublich dankbar.

Stimmt zum Teil auch. Man muss diese Aussagen jedoch decodieren können. Es ist richtig, dass diese Hunde oftmals sehr „sozial" sind. Aber das bedeutet, dass sie auf ihre ureigene Lebenssituation sozialisiert sind, so z. B. auf das Leben in großen Hundegruppen. Sie leben mit anderen Hunden in großer Anzahl zusammen, der Mensch beachtet sie meist nicht und hat daher auch keine maßgebliche Bedeutung für sie. Hinzu kommt die Lebenssituation der Hunde im Süden. Sie können sich meist den ganzen Tag frei bewegen, müssen niemals an der Leine gehen, sind keinem Dauerlärm einer Großstadt ausgesetzt und haben mit Menschen nur wenig zu tun. Wenn Kontakt zu Menschen besteht, dann ist es oftmals nicht der angenehmste.

Kommen diese Hunde dann nach Deutschland, ist der „Kulturschock" meist unvermeidbar. Ein Hund-in-Not ist immer noch ein Hund einer bestimmten Rasse oder eine Mischung daraus. Die Bedürfnisse eines solchen Hundes müssen genau so bedacht werden, wie die Bedürfnisse eines Rassehundes vom Züchter. ∎

nur Problemhunde zu finden sind. Häufig sind die Gründe für die Abgabe eines Hundes von ganz profaner Art: Trennung, Umzug, Allergien oder andere Gründe, die nichts mit einem unerwünschten Verhalten des Hundes zu tun haben. Trotzdem sollten Sie auf jeden Fall die Mitarbeiter des Tierheims über Ihren Wunschkandidaten ausfragen und sich den Hund sehr genau anschauen. Nicht selten werden die eigentlichen Abgabegründe verschwiegen.

Wichtig zu wissen bei einem Tierheimhund ist außerdem, dass dieser sein „wahres" Gesicht häufig erst nach ein paar Wochen zeigt, also nachdem er sich bei Ihnen eingelebt hat. Je sicherer er sich fühlt, desto schneller wird er eventuell neue Verhaltensweisen etablieren.

TIPPS VOM TIERARZT:
Der gesunde Welpe

❶ Einen gesunden Welpen erkennen Sie in erster Linie durch Beobachtung der Körperhaltung und des Verhaltens sowie an seinem Ernährungs- und Pflegezustand.

❷ Er zeigt im Stehen, Sitzen und Liegen eine entspannte Haltung, legt sich gern und ohne Zögern hin und steht ebenso gern wieder auf. Seine Bewegungen sind flüssig und frei von Entlastungshaltungen oder Lahmheiten jeglicher Art. Futter nimmt ein gesunder Welpe begeistert an und kaut und schluckt dieses problemlos.

❸ Ein Blick in die Wurfkiste des Züchters sollte Ihnen zeigen, dass die Welpen dicht aneinandergeschmiegt mit ihren Wurfgeschwistern liegen. Körperkontakt ist wichtig und ein sicheres Zeichen für gesunde Welpen.

GESUNDHEITSCHECK Hier sehen Sie, wie ein gesunder Welpe aussieht und was man für künftige Tierarztbesuche üben sollte. Unter www.m.kosmos.de/14408/v3 erhalten Sie die gleichen Infos.

4 In den ersten Lebensmonaten haben Welpen einen sogenannten „Babybauch", d. h. einen eher kugeligen Bauch, insbesondere nach dem Fressen. Das Unterhautfettgewebe muss gut ausgebildet sein, um den Welpen vor dem Auskühlen zu bewahren, und die Rippen sollten leicht zu ertasten sein.

5 Ist der gesunde Welpe wach, so ist er aufmerksam und interessiert an seiner Umwelt, er ist neugierig und spielt gern. Sie können ein reges Augen- und Ohrenspiel beobachten, und mit seinen Wurfgeschwistern ist er in regem Austausch mit allen Sinnesorganen.

6 Werfen Sie außerdem auf jeden Fall auch einen Blick auf das Fell des Welpen. Es sollte geschmeidig, glänzend und frei von Parasiten sein. Die Zähne sollten sich in rassetypischer Anordnung für das Milchgebiss befinden und die Zahnreihe sollte in einer Linie verlaufen. Lässt sich der Welpe insgesamt gern an allen Körperstellen anfassen, ohne Schmerzen oder Abwehrbewegungen zu zeigen, haben Sie ein gesundes Tier vor sich.

Welpen optimal
VERSORGEN

GRUNDAUSSTATTUNG

S. 28

Die welpensichere Wohnung

Ihr Welpe ist neugierig und voller Tatendrang. Zu seinem eigenen Schutz sollten Sie Ihre Wohnung vor dem Einzug Ihres Vierbeiners welpensicher machen.

S. 30

Das brauchen Sie von Anfang an

Schon bevor Ihr Welpe bei Ihnen einzieht, sollten Sie bestimmte Dinge eingekauft haben. Futter, ein Körbchen, Halsband und Leine gehören auf jeden Fall zum Starterset.

Der große Tag: Der Welpe wird abgeholt

Planen Sie an diesem wichtigen Tag genug Zeit ein, um Ihren Welpen abzuholen. Der Abschied von seiner Mutter und seinen Geschwistern ist nicht leicht für ihn, und es ist Ihre Aufgabe, dies so gut es geht aufzufangen.

S. 36

Der Schlafplatz

Gestalten Sie die ersten Nächte für Ihren Welpen so, dass er sich nicht völlig verlassen fühlt. Als hochsoziales Rudeltier ist er nicht gern allein und schläft entspannter, wenn er in Ihrer Nähe sein darf. Wenn Sie es möchten, kann Ihr Hund auch in Ihrem Bett schlafen.

S. 40

Futter und Füttern

Bieten Sie Ihrem Welpen in den ersten Lebensmonaten mehrere Mahlzeiten täglich an und lassen Sie ihn nach dem Fressen ruhen. Auch bei Ihrem Hund geht Liebe durch den Magen. Achten Sie auch auf die Qualität des Futters.

S. 44

Gesundheitsvorsorge

Um Ihren Hund vor lebensgefährlichen Krankheiten zu schützen, ist regelmäßiges Impfen und Entwurmen unerlässlich. Informieren Sie sich bei Ihrem Tierarzt und beobachten Sie Ihren Hund genau. So erkennen Sie alle Veränderungen rechtzeitig.

DIE WELPENSICHERE
Wohnung

WELPEN sind sehr neugierig und wollen ihre Umwelt entdecken. Sie müssen Ihre Wohnung also „welpensicher" machen. Dazu gehört, dass Dekorationsgegenstände vorerst verschwinden, genau wie kippelige Vasen, teure Teppiche und alle anderen Gegenstände, an denen Ihnen etwas liegt oder die Ihrem kleinen Hund gefährlich werden können. Diese Vorsichtsmaßnahmen dienen einerseits der Sicherheit Ihres Welpen und andererseits schonen sie Ihre Nerven.

Zum Schutz Ihres Welpen müssen Sie alle elektrischen Leitungen und Kabel sichern, da er sie mit seinen spitzen Zähnchen zerkauen könnte. Auch niedrig angebrachte Steckdosen sollten entweder abgeklebt oder durch eine Kindersicherung gesichert werden. Haben Sie Kinder, gehört deren

Abgesichert Ein Schutzgitter bietet die Möglichkeit, dem Welpen den Zugang zu einem Raum oder einer Treppe zu verwehren.

Kauspaß Welpen nehmen alles ins Maul und kauen darauf herum. Was Ihnen lieb und teuer ist, sollten Sie wegräumen.

Aufgepasst Nicht alle Kauobjekte sind welpengeeignet. Achten Sie darauf, was Ihr Welpe ins Maul nimmt.

Spielzeug ab sofort ins Kinderzimmer. Kleine Gegenstände, wie z. B. Legosteine oder Playmobil, können von Ihrem Welpen verschluckt werden. Eigentlich ist es wie mit kleinen Kindern: Alles, was denen gefährlich werden kann, ist auch für Ihren Welpen gefährlich. Lassen Sie nichts in Nasenhöhe Ihres Welpen liegen, keine Messer, Feuerzeuge, Putzmittel oder Topfpflanzen. Offene Treppen sollten unbedingt mit einem Kinder- oder Hundegitter gesichert werden, damit Ihr Welpe nicht die Treppe hinunter- oder durch die offenen Stufen fällt.

Achtung, giftig!

Einige Pflanzen und Lebensmittel sind für Hunde giftig. Wenn Ihr Welpe bei Ihnen einzieht, müssen Sie aufpassen, dass er diese Dinge nicht erreichen kann. Er weiß ja nicht, dass sie giftig sind, und sein Instinkt sagt es ihm nicht.

Auch Reinigungsmittel, Benzin, Insektizide, Dünger und alle ähnlichen Substanzen müssen Sie so aufbewahren, dass Ihr Welpe sie nicht erreichen kann.

Vergiftungen sind nicht immer leicht zu erkennen, da sie anfangs nicht unbedingt zu eindeutigen Symptomen wie Krämpfen, Erbrechen, Durchfall oder Speicheln führen. Sollten diese

Symptome jedoch auftreten, wenden Sie sich sofort an einen Tierarzt. Es hat sich bewährt, eine Ration Kohletabletten zur Entgiftung im Haus zu haben. Stimmen Sie die Dosis zuvor mit Ihrem Tierarzt ab.

Die am häufigsten vorkommenden Giftpflanzen, vor denen Sie Ihren Hund unbedingt schützen sollten:

GIFTIGE PFLANZEN

- Aloe
- Alpenveilchen
- Azalee
- Begonie
- Becherprimel
- Belladonna-Lilie
- Bogenhanf
- Brunfelsie
- Buntes Herzblatt
- Buchsbaum
- Christusdorn
- Dieffenbachie
- Efeu, Wintergrün
- Eibe
- Einblatt
- Flamingoblume
- Flammendes Käthchen
- Geranien
- Goldregen
- Gummibaum
- Hortensie
- Kaladaie, Buntwurz, Buntblatt
- Klivie, Riemenblatt
- Kolbenfaden
- Korallenbäumchen
- Lorbeer
- Märzenbecher
- Maiglöckchen
- Mistel
- Oleander
- Osterglocke
- Rhododendron
- Trompetenbaum
- Tulpe
- Weihnachtsstern

Erstausstattung
DAS BRAUCHEN SIE VON ANFANG AN

Bevor Ihr Welpe bei Ihnen einzieht, sollten Sie einige Dinge eingekauft haben. Denn ist Ihr Hund erst mal da, benötigt er Ihre Aufmerksamkeit.

Futter

Haben Sie Ihren Welpen von einem Züchter, wird er Ihnen das Futter und einen Fütterungsplan für die nächsten Tage mitgeben. Kommt Ihr Welpe woanders her, versuchen Sie in Erfahrung zu bringen, welches Futter er bisher bekommen hat. Dieses oder ein ähnliches Futter sollten Sie anfangs kaufen und verfüttern.

Wasser- und Futternapf

Achten Sie bei den Näpfen darauf, dass sie möglichst rutschfest, leicht zu reinigen und nicht so leicht zu zernagen sind. Passen Sie die Größe der Näpfe Ihrem Hund an. Ein kleiner Dackelwelpe braucht keinen Napf, in dem er theoretisch auch baden könnte.

Besonders gut eignen sich robuste Keramik- oder Chromstahlnäpfe. Bei sehr wasserfreudigen Rassen sollten Sie darauf achten, dass der Wassernapf massiv und schwer ist, damit der Hund ihn nicht umkippen kann.

Ernährung Füttern Sie Ihren Welpen anfangs noch dreimal täglich und achten Sie darauf, dass die Mengen nicht zu groß sind.

Ruhepol Das Körbchen sollte Ihrem Welpen als Rückzugsort dienen. Dort kann er schlafen, träumen und Erlebtes verarbeiten.

Körbchen und Hundedecke

An Körbchen und Decken gibt es eine riesige Auswahl. Wichtig ist, dass sie robust und leicht zu reinigen sind. Bedenken Sie, dass die Zähnchen Ihres Welpen zu Beginn noch spitz und scharf sind. Aus diesem Grund sind robuste Kunststoffkörbchen gut geeignet. Sie trotzen den Kauattacken und sind leicht sauber zu halten. Weidenkörbchen sind zwar hübsch, werden aber gern zernagt und können für Ihren Welpen auch gefährlich werden, wenn sich einzelne Weidenzweige in den Rachen bohren. Eine Hundedecke oder ein Hundekissen sollte ebenfalls strapazier- und saugfähig sein und in die Wachmaschine passen. Ihre Reinigung sollte regelmäßig erfolgen, um das Einnisten von Parasiten, wie z. B. Flöhe und Milben, zu verhindern.

Bürsten und Zeckenzange

Bei langhaarigen Hunden ist die Anschaffung von bestimmten Bürsten und Kämmen zu empfehlen. Langes, mittellanges, krauses oder welliges Fell verfilzt oder verklettet schnell. Für die verschiedenen Fellarten gibt es unterschiedliche Bürsten. Um Ihren Hund von Zecken und Flöhen befreien zu können, sollten Sie sich eine Zeckenzange und einen Flohkamm zulegen.

Sicherung im Auto

Für den Transport im Auto muss Ihr Hund so gesichert sein, dass er den Fahrer weder stören noch gefährden kann. Er darf sich also nicht frei im Auto bewegen (§ 23 der Straßenverkehrsordnung). Sie sollten sich daher entweder eine stabile Hundebox anschaffen, die Sie entweder im Kofferraum oder auf der Rückbank Ihres

Sicher im Auto Ist Ihr Welpe an eine Transportbox gewöhnt, können Sie ihn in d eser auch sicher im Auto transportieren.

Autos platzieren oder ein Trenngitter so anbringen, dass Ihr Hund auf keinen Fall nach vorn gelangen kann. Die Box muss zudem sicher befestigt werden, damit sie nicht bei einem Bremsmannöver durchs Auto geschleudert wird.

Spielzeug und Kauartikel

Kaufen Sie für Ihren Welpen ruhig ein paar Spielzeuge und Kauartikel. Die Spielzeuge sollten stabil sein und keine Kleinteile wie Plastikaugen haben, die der Welpe verschlucken könnte. Die Kauartikel sollten möglichst groß sein und aus einem Teil bestehen, so dass Ihr Welpe auch hier keine Einzelteile verschlucken kann. ■

HALSBAND
UND *Leine*

GEWÖHNEN Sie Ihren Hund vom ersten Tag an ein Halsband oder an ein Geschirr. Legen Sie es an, wenn Ihr Welpe mit Fressen oder Spielen beschäftigt ist. Er ist dann abgelenkt und wird nicht dauernd versuchen, das nervige Ding an seinem Hals abzukratzen.

Als Faustregel gilt, dass Ihr Zeige- und Mittelfinger zwischen Halsband und Hals Ihres Hundes passen soll. Dann ist das Halsband weder zu eng noch zu weit. Überlegen Sie sich gut, ob Sie für die Erstgarnitur gleich die teuerste Variante wählen, schließlich wächst Ihr Welpe noch – und das in rasantem Tempo. Gut geeignet sind verstellbare Halsbänder und Leinen aus strapazierfähigem Nylon. Eher ungeeignet sind sogenannte Flexileinen.

Gewöhnung Spielen Sie mit Ihrem Welpen, wenn Sie ihm das Halsband umlegen. So wird er das nervige Ding kaum bemerken.

Strapazierfähig Halsbänder aus Nylon eignen sich sehr gut, weil sie verstellbar sind – schließlich wächst Ihr Welpe noch.

Leinenprofi Das Gehen an lockerer Leine erfordert viel Übung und Konsequenz. Loben Sie Ihren Hund, wenn die Leine durchhängt.

Flexi- und Moxonleinen

Flexileinen rollen sich selbstständig ab und auf und beherbergen mehrere Gefahrenquellen. Reagieren Sie nicht schnell genug, läuft Ihr Hund mehrere Meter, bevor Sie auf den Stoppknopf drücken können. Wenn sich die Flexileine um Ihre Beine wickelt und Ihr Hund plötzlich losrennt, kann das im Sommer schmerzhafte Verletzungen auf nackter Haut verursachen. Zu guter Letzt ist es kaum möglich, einem Hund eine ordentliche Leinenführigkeit an einer Flexileine beizubringen. Er kann ja selbst regulieren, wann er wie weit gehen darf.

Moxon- oder Retrieverleinen sind spezielle Hundeleinen, die Halsband und Leine vereinen. Nimmt man sie dem Hund ab, kann dieser ohne Gefahr hängenzubleiben durch Gestrüpp und Uferbewuchs laufen. Wie der Name nahelegt, ist diese Form der Leine ursprünglich für Retriever gedacht, die im Wasser apportieren. Das Problem dieser Leinen: Sie ziehen sich schnell zu, wenn der Stopp nicht eingestellt ist, oder die Hunde können sich selbstständig aus der Leine befreien, wenn der Stopp zu weit eingestellt ist. Diese Leinen sind für Hunde gedacht, die schon gut im Gehorsam stehen, nicht aber für Welpen.

Leinenführigkeit

Auf lange Sicht sollte Ihr Hund sich sowohl an der Leine als auch ohne Leine an Ihnen orientieren. Sobald Ihr Welpe sich an Halsband und Leine gewöhnt hat, können Sie mit den ersten kurzen Leinenführigkeitsübungen beginnen. Damit Ihr Welpe möglichst konzentriert bei der Sache und nicht abgelenkt ist, beginnen Sie mit den Übungen im Haus oder im Garten. Gehen Sie an lockerer Leine mit Ihrem Welpen los. Sobald er zufällig links oder rechts neben Ihnen geht, ohne dass die Leine straff ist, sagen Sie das Signal „Fuß" und loben Sie Ihren Welpen. Jedes andere Verhalten ignorieren Sie zunächst.

Natürlich dauert es, bis sich erste Erfolge einstellen – Sie brauchen Geduld. Ein Leckerli kann hier gute Dienste leisten. Halten Sie es in der Hand an der Seite, an der Ihr Welpe gerade läuft. Er wird sich nun umso lieber an ihrer Seite aufhalten. Lassen Sie Ihren Welpen ein paar Schritte in erwartungsvoller Haltung neben sich gehen und geben Sie ihm dann das Leckerli. Beenden Sie jede Trainingseinheit mit einem Erfolgserlebnis Ihres Welpen. Leinen Sie ihn z. B. nach dem Training ab und spielen oder kuscheln Sie eine Runde mit ihm.

DER WELPE WIRD *abgeholt*

Für den Tag, an dem Sie Ihren Welpen abholen, sollten Sie genügend Zeit einplanen. Bekommen Sie Ihren Welpen von einem Züchter, sind vor Ort noch einige Dinge zu klären. Die Papiere müssen übergeben und unterschrieben werden, genau wie der Kaufvertrag. Besprechen Sie mit Ihrem Züchter außerdem, was Ihr Welpe in den nächsten Tagen wann zu fressen bekommen soll, welche Gewohnheiten er vielleicht hat und wie der Züchter bisher den Tag Ihres kleinen Hundes gestaltet hat. Außerdem wird sich der Züchter in Ruhe von seinem Welpen verabschieden wollen, schließlich hat er eine sehr intensive und prägende Zeit mit Ihrem Hund hinter sich.

Die Autofahrt

Zum Abholen des Welpen sollten Sie, wenn möglich, eine zweite Person mitnehmen. Diese kann den Welpen auf den Schoß nehmen und beruhigen, denn Ihr neues Familienmitglied wird sicher nicht begeistert davon sein, dass Sie ihn ganz plötzlich aus seiner gewohnten Umgebung herausreißen und ihn von seiner Mutter und seinen Geschwistern trennen.

Müssen Sie Ihren Welpen allein abholen, sollten Sie eine geräumige und stabile Transportbox mitnehmen. Auf keinen Fall darf der Welpe ungesichert im Auto transportiert werden. Bekommt

Großer Tag Für Ihren Welpen beginnt ein neues Leben. Bisher kannte er nur das mit Mutter, Geschwistern und dem Züchter.

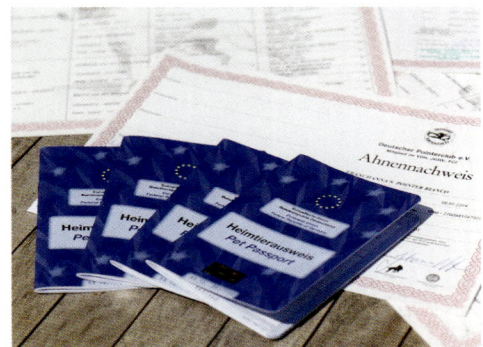

Dokumente Papiere, Impfausweis und Kaufvertrag werden an dem Tag übergeben, an dem Sie Ihren Welpen abholen.

Beginn einer Freundschaft Von nun an sind Sie für ein glückliches Hundeleben verantwortlich.

er Angst oder Stress, besteht die Gefahr, dass er kreuz und quer durchs Auto klettert.

Je nachdem, wie lange die Rückfahrt dauert, sollten Sie mehrere kleine Pausen einlegen, damit der Welpe sich lösen kann. Leinen Sie Ihren Welpen immer an, wenn Sie das Auto verlassen. Sollte er sich erschrecken und weglaufen, könnte er z. B. leicht vor ein Auto geraten.

RICHTIG HOCHHEBEN Es kommt immer wieder vor, dass man seinen Hund hochheben muss. Hier sehen Sie, wie es geht. Unter www.m.kosmos. de/14408/v4 gelangen Sie auch zum Film.

Ruhiges Kennenlernen

Zu Hause angekommen, sollten Sie zuerst dafür sorgen, dass Ihr Hund sich lösen kann. Danach können Sie ihm in aller Ruhe das Haus zeigen. Lassen Sie Ihrem Welpen Zeit, alles in Ruhe zu erkunden. Ihr Welpe hat gerade eine Art „Kulturschock" hinter sich und braucht jetzt einen souveränen und ruhigen Menschen an seiner Seite.

Sind ein paar Stunden ins Land gegangen, bieten Sie Ihrem Welpen etwas zu fressen an und gönnen Sie ihm danach eine Ruhepause/Schlafpause. Bevor Sie die erste Nachtruhe im neuen Heim einläuten, bringen Sie Ihren Welpen noch einmal zum Lösen nach draußen. ▪

FAMILIENZUWACHS
Lebt bereits ein Hund in Ihrem Haushalt, sollte das erste Aufeinandertreffen der Hunde auf möglichst neutralem Boden stattfinden, also nicht in Ihrem Garten oder in Ihrem Haus. Dieser Rat gilt auch dann, wenn ein Welpe bei Ihnen einzieht, da es einen generellen Welpenschutz nicht gibt.

Schnüffelparadies Alles ist aufregend und neu für Ihren Welpen. Es gibt viel zu entdecken.

Der Schlafplatz
RUHIG UND BEQUEM

DIE ERSTE NACHT Ihr Hund ist ein hoch soziales Rudeltier, und daher ist es das Schlimmste für ihn, allein zu sein. Hinzu kommt, dass er diesen Zustand bisher nicht kannte, seine Mutter und seine Geschwister waren immer bei ihm. Die Trennung von seiner Hundefamilie löst bei Ihrem Welpen erst mal einen kleinen Schock aus. Aber keine Sorge, er wird diesen schnell verkraften und sich seiner neuen Familie, also Ihnen und Ihrer Menschenfamilie, anschließen. Damit der „Familienwechsel" gut gelingt, sollten Sie sich gerade in den ersten Tagen auch so verhalten, wie es eine Hundefamilie tun würde. Und dazu gehört, dass Ihr Welpe seinen Schlafplatz ganz in Ihrer Nähe hat. So können Sie ihn jederzeit beruhigen, wenn er winselt oder jammert. Außerdem bemerken Sie, wenn Ihr Welpe unruhig wird, weil er sich lösen muss.

Traumland Ein gemütliches und ausreichend großes Körbchen lässt Ihren Hund Erlebtes entspannt verarbeiten.

Mittendrin Die meisten Hunde schlafen gern da, wo ihre Menschen sind. Da muss es nicht immer das weiche Körbchen sein.

Kiste für die erste Nacht

Für die erste Nacht im neuen Zuhause ist ein Pappkarton zu empfehlen (die Größe des Pappkartons richtet sich nach der Größe Ihres Hundes), den Sie z. B. auch neben Ihr Bett stellen können. Sie können Ihren Welpen zum Einschlafen kraulen oder einfach Ihre Hand in den Karton hängen lassen. Das beruhigt ihn. Der Pappkarton ist natürlich kein Muss, Ihr Welpe kann seine erste Nacht auch in einer stabilen Hundebox oder auch in Ihrem Bett verbringen, sofern Sie das wollen. Wichtig ist, dass Sie ihn nicht gleich in der ersten Nacht allein lassen. Wenn er nicht dauerhaft im Schlafzimmer schlafen soll, können Sie seinen Schlafplatz nach ein paar Tagen Stück für Stück an einen anderen Ort verlegen.

Um Ihren Welpen an das Durchschlafen zu gewöhnen, sollten Sie nicht gleich bei jeder Regung reagieren und mit ihm hinausgehen. Streicheln Sie ihn, sprechen Sie leise ein paar Worte mit ihm in der Hoffnung, dass er weiterschläft.

Rückzugsort

Tagsüber sollte Ihrem Welpen ebenfalls ein Platz zur Verfügung stehen, an den er sich zurückziehen kann. Dieser Platz kann eine Box, ein Körbchen oder auch eine Decke sein. Wichtig ist der Standort: Eine ruhige Ecke eignet sich gut, der Flur oder andere Durchgangsbereiche sind eher ungeeignet. Auch hier möchte der Welpe dabei sein, daher sollte der Rückzugsort im Wohnbereich sein, damit er seine Menschen hören und sehen kann. ■

Lauffreude Wildes Toben und Rennen fördert die Verdauung. Direkt nach dem Fressen sollte Ihr Welpe jedoch eine Ruhepause einlegen.

Der Löseplatz
SO WIRD IHR WELPE STUBENREIN

EIN LÖSEPLATZ ist der Platz, wo Ihr Welpe sein kleines und/oder großes Geschäft erledigen kann. Wenn Sie einen Garten haben, ist dieses Unterfangen recht einfach. Bringen Sie Ihren Welpen die ersten Male zu einem Platz, an dem er sich in Ruhe lösen kann, z. B. an den Rand eines Gebüschs, unter einen Baum oder richten Sie ihm ein Plätzchen mit Sand, Kies oder Rindenmulch als Pipi-Ecke ein.

Solange Ihr Welpe noch nicht stubenrein ist, sollten Sie ihn jedes Mal loben, wenn er sein Geschäft an dem dafür vorgesehenen Ort verrichtet. Nur dann kann er das Lob auch direkt mit seiner Tat in Verbindung bringen.

„Mach Pipi"

Wenn Sie möchten, können Sie Ihren Welpen von Anfang an daran gewöhnen, sein Geschäft auf ein Signal hin zu erledigen. Benutzen Sie dazu ein bestimmtes Signal, z. B. „Mach fein" oder „Mach Pipi". Bei punktgenauer Wiederholung im richtigen Moment wird Ihr Hund schnell seine Handlung mit dem von Ihnen gewählten Signal verknüpfen. In vielen Alltagssituationen kann das kontrollierte Lösen sehr hilfreich sein, besonders dann, wenn es schnell gehen muss oder es nicht viele Möglichkeiten für Ihren Hund gibt. Ein Garten erleichtert die Erziehung zur Stubenreinheit, da Sie Ihren Welpen zu jeder Tages- und Nachtzeit hinausbringen können. Haben Sie keinen Garten, müssen Sie in den ersten Wochen bereit sein, unzählige Male – auch nachts – vor die Tür zu gehen. Wenn Sie dabei Treppen laufen müssen, sollten Sie Ihren Welpen tragen, um seine Gelenke zu schonen.

Wann und wie oft?

Prinzipiell gilt: Nach dem Schlafen, nach dem Spielen und nach dem Fressen sollten Sie Ihren kleinen Hund sofort ins Freie bringen. Schnuppert er aufgeregt am Boden und beginnt sich zu drehen, muss man schnell reagieren und den Welpen nach draußen tragen, bevor er sich auf dem Teppich löst. Falls es doch einmal passiert: nicht schimpfen und das Malheur kommentarlos entfernen. Gerade junge Hundekinder halten es noch nicht sehr lange aus. Mit zunehmendem Alter gewinnen sie an Kontrolle über Blase und Darm und werden sich melden, wenn sie nach draußen müssen. Ähnlich wie bei Kindern ist das Erreichen der Stubenreinheit individuell verschieden: Manche lernen es sehr schnell, andere brauchen etwas länger. Haben Sie also Geduld und beobachten Sie Ihren kleinen Hund gut. Dann wird es nicht lange dauern, bis Sie wieder entspannt ausschlafen können. ■

Schnuppern Hunde mögen Sand, auch um sich zu lösen. Wenn Sie einen Garten haben, können Sie eine „Pipi-Ecke" einrichten.

Erleichterung Morgens sollten Sie Ihren kleinen Hund sofort ins Freie bringen, damit er sein Geschäft verrichten kann.

Futter
UND FÜTTERN

MAHLZEITEN PRO TAG Bieten Sie Ihrem Welpen in den ersten Lebensmonaten mehrere Mahlzeiten pro Tag an, ca. drei bis vier. Stellen Sie das Futter nach ca. 10 Minuten wieder weg, wenn Ihr Welpe es nicht gefressen hat. Nach dem Fressen sollte

Etwas Gutes Egal für welche Art von Futter Sie sich entscheiden, auf die einwandfreie Qualität kommt es an.

Ihr Welpe die Möglichkeit bekommen, sich zu lösen und danach zu schlafen. Vermeiden Sie, dass Ihr Hund direkt nach dem Fressen tobt und ausgiebig spielt. Dies gilt besonders für Rassen mit großem Brustkorb, z. B. Doggen oder Setter.

Tagesration

Die Tagesfutterration Ihres Welpen sollte auf das aktuelle Körpergewicht und die Zielgröße in Abhängigkeit von dem jeweiligen Futter berechnet und abgewogen werden. Die Rationsangaben der Futterhersteller auf der Verpackungsrückseite sind häufig sehr großzügig berechnet. Die meisten Hunde kommen mit 70 – 80 % der angegebenen Menge aus.

Viele Hundefutter, die Sie heute im Einzelhandel kaufen können, sind wissenschaftlich geprüft und von hoher Qualität. Wichtige Kriterien sind der Eiweißgehalt und das Kalzium-Phosphor-Verhältnis. In den meisten Fällen ist es ratsam, ein spezielles Welpenfutter zu kaufen. Hat Ihr Welpe bereits klar erkennbare Beschwerden beim Laufen und allen anderen Bewegungsabläufen, sollten Sie umgehend einen Tierarzt aufsuchen. Nicht immer ist das Futter Schuld an solchen Beschwerden, kann aber auch ein Grund sein.

Bewegung Nach dem Fressen sollte Ihr Hund ruhen, um eine Magendrehung zu vermeiden. Gefährdet sind große Rassen.

Fertigfutter, selbst gekocht oder BARF

Trocken- und Nassfutter unterscheiden sich vor allem in der Energiedichte, sind aber ernährungsphysiologisch gleichwertig. BARFen und Selbstkochen des Futters ist empfehlenswert, bedarf aber einer genauen Rationsberechnung und somit umfassender Information und Einarbeitung. Überlegen Sie sich gut, ob Sie das leisten können. Rohes Futter ist generell nicht so leicht verdaulich wie gekochtes und kann somit leichter zu einer Futtermittel- und Magenüberempfindlichkeit führen.

Magendrehung

Magendrehungen treten immer wieder auf, der Grund dafür ist bis heute nicht abschließend geklärt. Man vermutet, es könnte an zu großen Futtermengen liegen oder an genetischen Komponenten. Häufig sind es Rassen mit großem Brustkorb, die eine Magendrehung bekommen. Aber eben nicht immer, eine Regel gibt es nicht. Bei einer Magendrehung dreht sich der Magen einmal um sich selbst und dadurch verschließen sich die Ausgänge zur Speiseröhre und zum Darm. Die Darmbakterien arbeiten aber weiter und produzieren Gase, die keinen Ausgang mehr finden. In Folge bläht der Magen extrem auf.

Eine Magendrehung erkennen Sie an folgenden Symptomen:

- Ihr Hund zieht sich zurück und will sich nicht mehr bewegen.
- Der Bauch bläht sich ballonartig auf und wird sehr fest.
- Der Hund versucht zu erbrechen, es bleibt aber beim Würgen, da der Magen verschlossen ist.

Stellen Sie diese Symptome fest, dürfen Sie keine Zeit verlieren. Suchen Sie sofort den nächsten Tierarzt auf. Wird eine Magendrehung nicht behandelt, führt diese nach kurzer Zeit zum Tod durch Kreislaufversagen. ■

GIFTIGE LEBENSMITTEL

- Alkoholische Substanzen
- Avocado
- Brokkoli
- Erdnüsse
- Hülsenfrüchte
- Kaffee
- Kohl
- Macadamianüsse
- Muskatnuss
- Nachtschattengewächse (Auberginen, Tomaten): grüne Anteile
- Obstkerne
- Pilze
- Rettich, Meerrettich, Radieschen
- Rosinen
- Schokolade
- Walnüsse
- Weintrauben
- Xylit (Süßstoff)
- Zwiebeln, Knoblauch

Gepflegt VON KOPF BIS PFOTE

EIN BISSCHEN DRECK Ein Hund muss sich schmutzig machen dürfen, das ist eine wichtige Botschaft. Es liegt in seiner Natur, sich in Pfützen, Aas oder anderen unschönen Dingen zu wälzen.

Baden

Andauerndes Baden ist für Ihren Hund weder nötig noch sinnvoll. Ein Vollbad, also mit Shampoo und allem Pipapo, sollte nur erfolgen, wenn Ihr Hund sich in etwas wirklich Übelriechendem oder Klebrigem gewälzt hat, z. B. in einem toten Fisch. Ansonsten reicht eine Dusche mit klarem Wasser oder eine Reinigung mit dem Gartenschlauch vollkommen aus.

Bürsten

Im Gegensatz zum Baden ist regelmäßiges Bürsten gerade bei langhaarigen Rassen sehr wichtig, damit das Fell nicht verfilzt. Bürsten fördert außerdem die Durchblutung der Haut und bei genauem Hinschauen finden Sie Zecken oder Flöhe. Die passenden Bürsten für das Fell Ihres Hundes gibt es im Fachhandel.

Zecken und Flöhe

Besonders im Frühjahr und im Herbst ist Hochsaison für Zecken und Flöhe. Zecken können viele Krankheiten übertragen, z. B. Borreliose

Bürsten Machen Sie Ihrem Hund das Bürsten möglichst schmackhaft. Mit einer kleinen Futterablenkung geht es leichter.

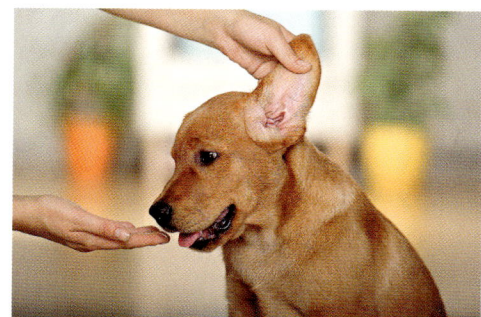

Ohrenkontrolle Üben Sie von Anfang an, dass Ihr Welpe sich problemlos in die Ohren schauen lässt.

Vertrauen Legt Ihr Welpe sich vor Ihnen auf den Rücken und lässt sich genüsslich den Bauch kraulen, ist sein Vertrauen zu Ihnen groß.

oder Anaplasmose. Sie sollten Ihren Hund also so gut wie möglich gegen diese unliebsamen Mitbewohner schützen. Am besten fragen Sie Ihren Tierarzt nach der geeigneten Prophylaxe für Ihren Hund. Suchen Sie Ihren Hund außerdem nach jedem Spaziergang gründlich nach Zecken ab. So können Sie verhindern, dass die kleinen Blutsauger sich überhaupt erst einnisten. Flöhe sind nicht nur für Ihren Hund, sondern unter Umständen auch für Sie sehr unangenehm. Sie erkennen einen Flohbefall meistens an vermehrtem Lecken, Kratzen und „Ins-Fell-Beißen", da die Bisse der Flöhe einen Juckreiz beim Hund auslösen.

Untersuchen Sie die Haut Ihres Hundes gründlich und schauen Sie, ob Sie Flohbisse finden. Diese erkennen Sie an rötlichen, meist vorgewölbten Hautstellen. Außerdem erkennen Sie Flohbefall an den kleinen schwarzen Punkten im Fell. Wenn Ihr Hund gegen Flöhe behandelt wird, muss unbedingt auch die gesamte Umgebung mitbehandelt werden. Im Klartext: Sie müssen alle Decken, Körbe und Teppiche gegen Flöhe behandeln, wenn Sie später nicht den Kammerjäger ins Haus bitten möchten.

Ohren

Kontrollieren Sie regelmäßig die Ohren, besonders wenn Sie einen Hund mit langen Ohren haben. Hier können sich schnell Schmutz und Milben einnisten. Kratzt Ihr Hund sich häufig an den Ohren und schüttelt den Kopf oder hält ihn sogar schief, ist das häufig ein Indiz für Milben oder sogar eine Entzündung. In diesem Fall sollten Sie einen Tierarzt aufsuchen.

Augen

Auch Hundeaugen können sich entzünden, z. B. durch Zugluft. Sie erkennen eine Augenentzündung an tränenden, eiternden oder geröteten Augen. Wenn nach ein bis zwei Tagen keine Besserung eingetreten ist, sollten Sie zum Tierarzt gehen.

Gebiss

Hunde haben anfangs Milchzähne, die im ca. 4. Monat durch die bleibenden Zähne ersetzt werden. Kontrollieren Sie das Gebiss. ■

Vorsorge
SO BLEIBT IHR WELPE GESUND

Ihr Welpe muss nicht gleich zum Tierarzt, sobald er bei Ihnen eingezogen ist. Viele Züchter stellen ihre Welpen kurz vor der Übergabe noch einmal dem Tierarzt vor, um zu überprüfen, ob sie gesund und fit sind.

Impfungen

Um Ihren Hund vor lebensgefährlichen Krankheiten zu schützen, ist regelmäßiges Impfen unerlässlich. Bei einer Impfung setzt sich der Organismus Ihres Welpen mit verschiedenen abgeschwächten oder abgetöteten Erregern auseinander. Diese Auseinandersetzung führt zur Bildung von Antikörpern. Diese werden bereits mit der Muttermilch aufgenommen, sodass er von Geburt an geschützt ist. Allerdings hält dieser Schutz nur wenige Wochen an, sodass Ihr Welpe durch rechtzeitiges Impfen zur Bildung eigener Schutzstoffe angeregt wird.
Die Grundimmunisierung ist der erstmalige Aufbau eines Impfschutzes. Bei Welpen erfolgt die erste Impfung ab der sechsten Woche (Parvovirose und Staupe), ab der achten Woche erfolgt die zweite Impfung (Staupe, Hepatitis, Parvovirose, Parainfluenza und Leptospirose). Die dritte Impfung erfolgt dann vier bis sechs Wochen später, hier wird auch gegen Tollwut geimpft. Danach wird Ihr Hund dann im jährli-

chen Rhythmus geimpft und die durchgeführten Impfungen werden im Impfpass dokumentiert. Wollen Sie mit Ihrem Hund ins Ausland reisen, sollten Sie sich frühzeitig informieren, welche Bestimmungen in Ihrem Urlaubsland zum Thema Impfschutz gelten. Planen Sie Ihre Reise grenzüberschreitend innerhalb der EU, benötigen Sie für Ihren Hund einen EU-Heimtierausweis. Dieser Ausweis kann von Ihrem Tierarzt ausgestellt werden.

Zwingerhusten

Vor allem Welpen erkranken trotz Impfung am sogenannten Zwingerhusten, einer Atemwegsinfektion. Sobald Sie feststellen, dass Ihr Hund vermehrt hustet, sollten Sie wegen der Ansteckungsgefahr für andere Hunde einen Tierarzt aufsuchen.

Wurmkuren

Bereits von Geburt an bekommen Welpen von ihrer Mutter über die Muttermilch Würmer „mit auf den Weg". Deshalb werden sie bereits am zehnten Lebenstag entwurmt, mit vierzehntägigen Wiederholungen bis zur ersten Impfung. Ob Ihr Hund Würmer hat oder nicht, hat also nichts mit mangelnder Hygiene zu tun. Entwurmen Sie Ihren Hund vier Mal pro Jahr, wenn nicht besondere Gründe, wie z. B. der tägliche Einsatz im Jagdbetrieb, vorliegen (hier wird häufiger entwurmt). Sollten Sie Würmer im Kot Ihres Hundes entdecken, müssen Sie ihn sofort entwurmen. Weil eine Wurmkur auch eine Belastung für den Organismus ist, gehen immer mehr Hundehalter dazu über, bei ihrem Tierarzt erst eine Kotprobe einzureichen, um ihn dann zielgerichtet entwurmen zu lassen.

Das häufigste Symptom bei Wurmbefall ist Durchfall, allerdings können auch Erbrechen, Haarausfall, Krämpfe oder Ähnliches auftreten. Eine Wurmkur wirkt nicht prophylaktisch, sie tötet nur zum Zeitpunkt der Entwurmung vorhandene Würmer ab. Deshalb ist ein regelmäßiges Entwurmen wichtig, damit sich die Würmer erst gar nicht so weit entwickeln können, dass sie für Ihren Hund gefährlich werden. ◼

Gar nicht schlimm Wenn Ihr Welpe sich gern anfassen lässt, findet er den Tierarzt normalerweise gar nicht schlimm.

Gesundheitscheck
UND VITALFUNKTIONEN

Ob Ihr Welpe gesund ist, erkennen Sie an unterschiedlichen Faktoren. Als Hundebesitzer sollten Sie auf jeden Fall die Eckdaten zu den Vitalfunktionen eines Hundes kennen, den sogenannten PAT-Werten (Puls, Atmung, Temperatur), die je nach Größe des Hundes variieren.
Folgende Merkmale/Körperfunktionen Ihres Welpen sollten Sie im Normalzustand kennen, damit sie Abweichungen erkennen.

Puls: 70 – 120 Schläge/Minute
Atemfrequenz: 23 – 50 Züge/Minute
Temperatur: 38 – 39 °C

 **VITALFUNKTIONEN** Mit diesem QR-Code können Sie sich die Vitalfunktionen auf Ihr Handy laden. Unter www.m.kosmos.de/14408/t5 erhalten Sie die gleichen Infos.

	Gesunder Hund	Krankheitsanzeichen
Allgemeinzustand	Ihr Hund verhält sich unauffällig, ist munter und ausgeglichen und hat einen guten Appetit.	Ihr Hund ist matt und unlustig, er liegt und schläft viel, frisst schlecht oder verweigert sogar das Futter.
Augen	Die Augen sind klar und tränen nicht.	Die Augen sind trüb, verklebt und es läuft eitriges Sekret heraus, die Bindehäute sind gerötet, weiß oder gelb verfärbt.
Ohren	Die Ohrmuscheln sind einigermaßen sauber, ein wenig Schmutz ist nicht schlimm.	Die Ohrmuscheln sind gerötet, verkrustet und/ oder mit viel Ohrenschmalz und Eiter versehen, Ihr Hund kratzt sich ständig am Kopf und schüttelt diesen.
Nase	Die Nase ist sauber und feucht.	Die Nase ist verklebt oder sogar eitrig, heiß und trocken.
Maul	Zahnfleisch und Mundschleimhaut sind rosa, die Zähne weiß und größtenteils frei von Belägen.	Das Zahnfleisch ist weiß (kann ein Hinweis auf eine Vergiftung sein), die Zähne sind gelb oder bräunlich verfärbt.

	Gesunder Hund	Krankheitsanzeichen
Fell	Das Fell glänzt und liegt rassetypisch am Körper.	Das Fell ist stumpf, struppig und schuppig, Fell fällt aus.
Haut	Die Haut ist glatt.	Die Haut ist gerötet, schuppig, verkrustet oder sogar eitrig, Ihr Hund beißt sich an bestimmten Stellen.
Gliedmaßen	Ihr Hund hat weder beim Laufen noch beim Hinlegen oder Aufstehen Probleme.	Ihr Hund lahmt, läuft nicht gern, legt sich nicht gern hin und steht auch nicht gern auf.
Rücken	Ihr Hund läuft und steht entspannt und zeigt keine verkrampfte oder steife Körperhaltung.	Ihr Hund zeigt einen gekrümmten Rücken und geht staksig.
Verdauungsorgane	Ihr Hund hat eine geregelte Verdauung, festen Kot und einen weichen Bauch.	Ihr Hund erbricht, hat Durchfall, Probleme beim Kotabsatz oder starke Blähungen.
Harnorgane	Ihr Hund hat keine Probleme beim Harnabsatz, der Harn ist normal gefärbt.	Ihr Hund hat Probleme beim Harnabsatz, er setzt häufig kleinere Mengen ab, der Urin ist blutig.
Atmungsorgane	Ihr Hund atmet ruhig und gleichmäßig, er niest und hustet nicht.	Ihr Hund atmet schnell und hektisch, obwohl er sich nicht angestrengt hat, niest häufig und/oder hustet.
Herz-Kreislauf-System	Ihr Hund ist bewegungsfreudig und ist nicht auffällig schnell müde oder kraftlos.	Ihr Hund bewegt sich nur ungern, hustet häufig, zeigt eine bläuliche Verfärbung der Zunge und hat gelegentlich Krampfanfälle.
Nervensystem	Ihr Hund verhält sich normal.	Ihr Hund zeigt einen torkelnden, schwankenden Gang, hat Krampfanfälle und neurologische Ausfälle.

Kastration
JA ODER NEIN?

Über kaum ein Thema wird so kontrovers diskutiert, wie über die Kastration eines Hundes. Zuerst einmal sollten Sie wissen, wovon die Rede ist und was den Unterschied zwischen einer Kastration und einer Sterilisation ausmacht. Bei einer Kastration werden dem Hund die Keimdrüsen (also Hoden bzw. Eierstöcke) entfernt, bei der Sterilisation werden lediglich die Samen- bzw. Eileiter unterbrochen. Hunde werden heute in der Regel kastriert, da nur die Kastration eine weitere Hormonbildung verhindert.

Gesetzlich verboten

Zunächst einmal verbietet das deutsche Tierschutzgesetz in § 6 Abs. 1 S. 1 das vollständige oder teilweise Amputieren von Körperteilen oder das vollständige oder teilweise Entnehmen oder Zerstören von Organen oder Geweben eines Wirbeltiers. Damit ist die Kastration grundsätzlich verboten, es gibt jedoch Ausnahmen. So gilt das sogenannte Amputationsverbot gem. § 6 Abs. 1 S. 2 Nr. 1 a) TierSchG nicht, wenn ein

Unbeschwerte Jugend Bei einem Welpen sollte eine Kastration kein Thema sein. Lassen Sie ihn erst mal erwachsen werden.

Wilde Bande Unter jungen Hunden geht es auch mal wild zu. Ein Grund für eine Kastration ist das noch lange nicht.

Rüpelzeit In der Pubertät probieren sich viele Hunde aus und testen, wie weit sie gehen können. Bleiben Sie gelassen.

Rüdenleid Wenn eine Hündin in der Nähe läufig ist, müssen Sie gut auf Ihren Rüden aufpassen. Sonst ist er auf Damenbesuch ...

Eingriff im Einzelfall nach tierärztlicher Indikation geboten ist. Dies ist z. B. dann der Fall, wenn eine Hündin unter einer Gebärmuttervereiterung leidet und die operative Entfernung der Gebärmutter der einzige Weg ist, das Leben der Hündin zu retten.

Bei dieser Gesetzeslage fragt man sich dann doch, warum heute so viele Hündinnen und Rüden fast bedenkenlos und routinemäßig kastriert werden. Bei beiden Geschlechtern gibt es aber Gründe, die für eine Kastration sprechen.

Auswirkungen auf die Psyche

Werden Hündinnen kastriert, steht häufig der Wunsch dahinter, sie vor Erkrankungen wie Gesäugekrebs oder einer Gebärmuttervereiterung (Pyometra) zu schützen. Bei Rüden hingegen geht es eher um die Unterdrückung von unerwünschtem, meist aggressivem Verhalten. Man sollte sich darüber im Klaren sein, dass die Kastration kein Allheilmittel bei Problemverhalten ist. Bei Jagdverhalten, Bellen oder Ängstlichkeit nützt eine Kastration rein gar nichts. Bei unsicheren Hunden kann es sogar das Gegenteil bewirken: Fehlt unsicheren Rüden das Testosteron, werden sie meist noch unsicherer. Zudem haben Kastraten bei intakten Hunden einen untergeordneten Stellenwert: Kastrierte Rüden werden häufig von unkastrierten bestiegen, da sie nicht mehr nach Rüde riechen.

Wie auch immer. Machen Sie sich bewusst, dass eine Kastration immer einen ernst zu nehmenden Eingriff in den Körper und in die Psyche Ihres Hundes darstellt. Die durch eine Kastration hervorgerufenen Veränderungen, z. B. Verhaltensänderungen, können Sie nie wieder rückgängig machen. Wenn es erforderlich erscheint, können Sie mit einem Hormonchip, der die Auswirkungen einer zeitlich befristeten Kastration hat, testen, wie Ihr Hund damit zurechtkommt. Überlegen Sie daher gut, ob eine Kastration nötig ist, und besprechen Sie sich in Ruhe mit Ihrem Tierarzt. ■

Welpen verstehen und
ERZIEHEN

EINANDER VERSTEHEN

S. 54

Körpersprache, Mimik & Kommunikation

Voraussetzung dafür, dass Sie und Ihr Hund harmonisch miteinander leben können, ist, dass Sie sich vertrauen und verstehen. Ihr Wissen über die Körpersprache und Kommunikation Ihres Hundes ist enorm wichtig.

S. 56

Wie Hunde lernen – die Sozialisierung

Der Zeitraum, in dem Ihr Welpe am besten lernt und Dinge aufnehmen und verarbeiten kann, liegt zwischen der 4. und der 12. Lebenswoche. Auch danach lernt er natürlich noch, nur eben nicht so leicht.

S. 58

Welpengruppe

Der Kontakt zu anderen Welpen und erwachsenen Hunde ist wichtig für Ihren Welpen. Schauen Sie sich die ausgewählte Welpengruppe am besten an, bevor Ihr Welpe bei Ihnen einzieht.

S. 60

Sitz, Platz, Nein

Sitz und Platz kann Ihr Welpe schon, bevor er bei Ihnen einzieht. Er muss jetzt nur noch lernen, es auf Ihr Signal hin zu tun.

S.62

S. 64

Spazierengehen

Gehen Sie mit Ihrem Welpen anfangs nicht länger als zehn Minuten am Stück spazieren. Im Vordergrund der Spaziergänge steht zunächst, dass Ihr Welpe seine Umwelt erkundet und verschiedenen optischen und akustischen Reizen ausgesetzt wird.

Hundebegegnungen

Ihr Hund braucht auch über die Welpengruppe hinaus regelmäßige Kontakte zu anderen Hunden. Überwiegend sollte Ihr Hund frei, d. h. unangeleint laufen können, da er nur so uneingeschränkt mit seinen Artgenossen kommunizieren kann.

S. 66

Richtig spielen

Richtiges Spiel ist ein wesentlicher Bestandteil einer guten Beziehung zwischen Ihnen und Ihrem Hund. Es fördert die Bindung und schafft Vertrauen.

Körpersprache,
MIMIK & KOMMUNIKATION

KÖRPERSPRACHE Hunde sind Anpassungskünstler und lernen schnell, die menschliche „Sprache" zu decodieren. Ihre Körpersprache und Mimik verrät viel über Sie, über Ihre Stimmung und über das, was Sie gerade fühlen. Ihr Hund erkennt Ihre Gemütslage sofort und reagiert darauf.

Verständigung unter Hunden

Meist reichen kleine körpersprachliche Gesten zwischen zwei Hunden aus, um eine Situation zu klären. Hunde verfügen über ein umfangreiches Repertoire an Signalen sowohl im Bereich der Körpersprache, als auch im Bereich der Lautäußerung. Viele Verhaltensweisen Ihres Hundes sind angeboren und instinktgesteuert, entwickeln sich aber erst im Lauf der Zeit, während Ihr Hund heranwächst. Erst durch den Kontakt mit Artgenossen während der so wichtigen Sozialisierungsphase lernt er, welche Lautäußerungen und Taten gewisse Reaktionen bei dem jeweiligen Gegenüber hervorrufen. Die vielfältigen Möglichkeiten zur Kommunikation bringt Ihr Hund also mit, er muss allerdings erst lernen, diese richtig einzusetzen.

Aus diesem Grund ist es auch so wichtig, dass Ihr Hund regelmäßig die Möglichkeit hat, mit anderen Hunden zu kommunizieren. Dazu gehört nicht nur der Kontakt zu anderen Welpen, sondern auch zu erwachsenen Hunden, die Ihrem Welpen moderat und angemessen seine Grenzen aufzeigen.

Da bin ich Welpen entdecken die Welt mit allen Sinnen. Ihr Repertoire an Körpersprache und Mimik entwickelt sich rasant.

Ich bin dir wohlgesonnen Welpen signalisieren durch Maulwinkellecken, dass sie den Rang des älteren Hundes akzeptieren.

Spielgesicht Mit einer übertriebenen Mimik wird wild gespielt, auch wenn es auf den ersten Blick ein bisschen gefährlich wirkt.

Spiel mit mir Die Vorderkörpertiefstellung fordert das Gegenüber zum Spiel auf, egal ob Mensch oder Hund.

Kommunikationsrepertoire

Ihr Welpe verfügt zu dem Zeitpunkt, an dem er bei Ihnen einzieht, bereits über ein vielschichtiges Repertoire an Lautsprache, Körpersprache und über eine ausgefeilte Mimik. Im Zusammenspiel ergeben diese drei Komponenten eine äußerst differenzierte Kommunikation.
Folgende körpersprachlichen Signale und Lautäußerungen können Sie bereits bei Ihrem Welpen beobachten:

AUF-DEN-RÜCKEN-LEGEN ist die deutlichste Form der Unterwerfung. Besonders Welpen beschwichtigen auf diese Weise Artgenossen und auch uns Menschen.

GÄHNEN ist häufig eine Übersprunghandlung als Zeichen für Unsicherheit oder als Beschwichtigung. Manchmal ist es aber auch nur Müdigkeit.

MUNDWINKELLECKEN. Welpen stupsen und lecken ihre Mutter in der Schnauzengegend, um sie zu animieren, vorverdautes Futter wieder hervorzuwürgen. Dieses Verhalten wurde ritualisiert und dient als Beschwichtigungsgeste (siehe Seite 70).

VORDERKÖRPERTIEFSTELLUNG. Die Tiefstellung des Vorderkörpers bei gleichzeitig hochgestrecktem Hinterteil können Sie bereits bei Ihrem Welpen beobachten. Sie gilt als Spielaufforderung.

PFÖTELN ist eine Beschwichtigungsgeste, die ein rangniedriger Hund einem ranghöheren gegenüber zeigt. Dem Menschen gegenüber wird es als Aufforderung zum Spiel gezeigt.

BELLEN. Welpen müssen das Bellen erst lernen, sie können es nicht von Geburt an. Bellen hat unterschiedliche Funktionen und kann sich auch unterschiedlich anhören: alarmierend, warnend, begrüßend oder ungeduldig.

HEULEN ist eine der ursprünglichsten Lautäußerungen von Hunden und wird häufig nur gezeigt, wenn sie sich alleingelassen fühlen.

KNURREN entwickelt sich aus dem Murren und ist häufig im Spiel zu hören. Ein Knurren aus Unsicherheit oder Aggression ist beim Welpen nur selten, es entwickelt sich mit zunehmendem Alter und wird dann in entsprechenden Situationen eingesetzt.

WINSELN, JAULEN ODER FIEPEN sind Laute, die von Unbehagen, Verunsicherung oder einfach nur Frust zeugen. ◼

KÖRPERSPRACHE Hunde drücken sich über Körpersprache aus. Hier sehen Sie, was sie sagen. Unter www.m.kosmos.de/14408/v6 erhalten Sie die gleichen Infos.

Körperkontakt
UND BEISSHEMMUNG

KONTAKTLIEGEN Der körperliche Kontakt ist für Hunde, insbesondere für Welpen, sehr wichtig. Beobachtet man eine Hundemutter und Ihre Welpen, kann man sehen, dass alle Hunde in Ruhephasen dicht bei einander liegen und Körperkontakt suchen. Bei Welpen kann man sogar beobachten, dass sie übereinander liegen, sich sozusagen stapeln.

Alles ist gut Das Kontaktliegen ist wichtig für eine enge und vertrauensvolle Bindung.

Diesen engen Kontakt müssen Sie Ihrem Welpen auf jeden Fall erlauben. Kuscheln Sie mit ihm auf dem Boden oder auf dem Sofa, da wo es Ihnen beiden gefällt. Der beste Zeitpunkt für ein Kuschelstündchen ist dann, wenn Ihr Welpe satt und müde ist. Genießen Sie diese vertrauensvollen Momente, sie tragen erheblich zur Entstehung einer intensiven Bindung bei.

Ganz nebenbei hat das Kontaktliegen noch einen weiteren nützlichen Effekt. Sie können Ihren Welpen in vertrauter und vertrauensvoller Umgebung daran gewöhnen, sich auf den Rücken drehen und an allen Körperteilen anfassen zu lassen. Das kann z. B. bei einem späteren Tierarztbesuch hilfreich sein, da Ihr Hund schon gelernt hat, dass nichts Schlimmes passieren kann, wenn Sie dabei sind.

Beißhemmung

Bis zum Zahnwechsel hat Ihr Welpe sehr scharfe und spitze Milchzähne. Diese kommen im Spiel mit Artgenossen und auch mit Ihnen zum Einsatz.

Beobachtet man spielende Welpen, kann man feststellen, dass ein Welpe, der von seinem Artgenossen zu sehr gezwickt oder gebissen wird, jault oder sogar schreit und das Spiel von seiner Seite aus abbricht. Der „Attentäter" ist über den Spielabbruch in der Regel zunächst verwundert

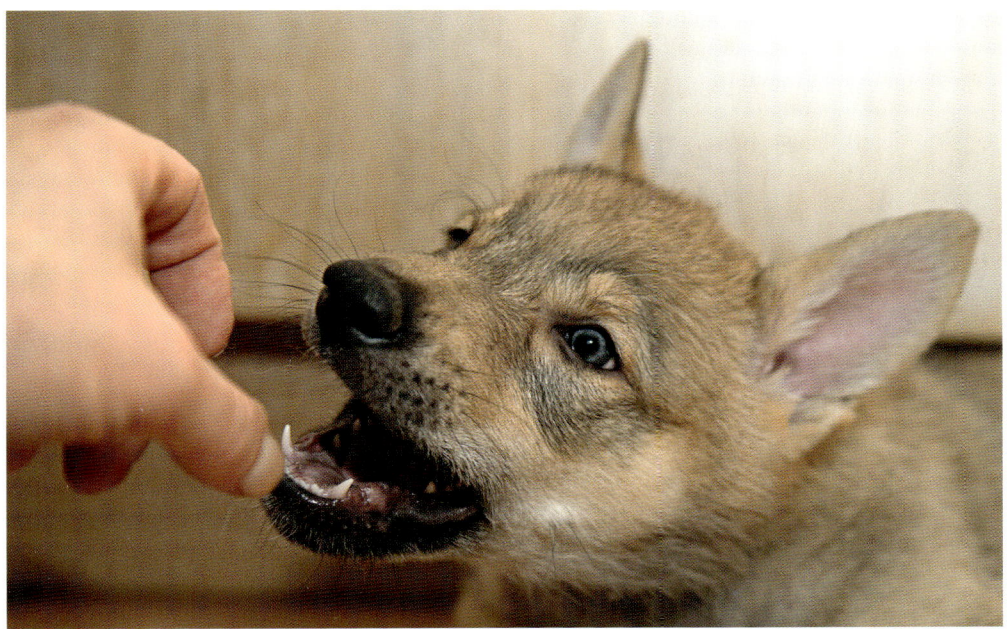

Spitze Zähne Ein Hund muss die Beißhemmung erst erlernen, sowohl Menschen als auch Hunden gegenüber. Sie ist nicht angeboren.

und bricht das Spiel ebenfalls ab. Diese Situation wird ein heranwachsender Welpe immer wieder erleben. Er wird abspeichern, dass, wenn er zu heftig zubeißt, das Spiel beendet ist oder er in Folge seiner Attacke selbst gezwickt wird. Zukünftig wird er vorsichtiger sein und die sogenannte Beißhemmung kann sich etablieren. Früher dachte man, die Beißhemmung sei angeboren. Heute weiß man, dass sie erst erlernt werden muss.

Wohl dosiert

Natürlich wird Ihr Welpe seine Hundekumpel zwicken und beißen, aber eben in der passenden Dosierung – jedenfalls meistens. Was einem Hund kaum wehtut, schließlich hat er ein dickes Fell, kann für einen Menschen schon sehr unangenehm sein. Daher muss eine Beißhemmung auch gegenüber dem Menschen etabliert werden. Zwickt Ihr Welpe Sie im Spiel zu heftig, dürfen Sie das auf keinen Fall tolerieren. Reagieren Sie sofort, so wie ein anderer Hund es machen würde. Rufen Sie laut „Aua!" und warten Sie kurz, ob

Ihr Welpe sein Verhalten abbricht. Tut er das nicht, reagieren Sie prompt und zwicken Sie ihn ordentlich in die Seite. Spätestens dann wird er verstehen, was Sie von ihm wollen.

Grenzen zeigen

Immer wieder hört man, dass unerwünschtes Verhalten des Hundes ignoriert werden soll. Zuerst würde sich das Verhalten zwar verstärken, nach einer Zeit würde der Hund aber einsehen, dass das gezeigte Verhalten zu nichts führt, und es daher einstellen. Das stimmt zwar grundsätzlich und kann theoretisch eintreten, ist aber für die meisten Situationen eher als „lebensfern" einzustufen. In relevanten Situationen muss Ihr Hund von Anfang an wissen, wo seine Grenzen sind. Denn nur so kann er lernen, wie er sich in der „Menschenwelt" zu verhalten hat. Lernt er das nicht, landet er im schlimmsten Fall irgendwann im Tierheim, weil er durch unangemessenes Verhalten anderen Menschen oder Tieren gegenüber auffällt. ■

WELPENGRUPPE
UND *Sozialisierung*

Welpengruppe

Mithilfe einer gut geleiteten Welpengruppe wird Ihr Welpe zu einem souveränen Hund heranwachsen. Hier lernt er, angemessen mit anderen Hunden umzugehen, außerdem werden Signale wie „Sitz", „Platz", „Hier" und „Aus" regelmäßig und unter Ablenkung geübt. Die Zeit, die Sie hier mit Ihrem Welpen verbringen, ist eine sehr intensive und schweißt Sie und Ihren Vierbeiner noch enger zusammen. Schließlich sind Sie es,

die Ihrem Welpen Schutz bieten, wenn er verunsichert ist, Sie sind seine Vertrauensperson. Der Trainer oder die Trainerin der Welpengruppe sollte sich mit den unterschiedlichen Rassen gut auskennen, den Besitzer auf bestimmte Verhaltensweisen aufmerksam machen und ihm diese erklären. Es ist durchaus normal, dass der kleine Terrier knurrt oder sogar schnappt, wenn sein Besitzer ihm eine Pansenstange wegnehmen möchte. Er ist eben ein Terrier und reagiert seiner Genetik entsprechend.

Neues entdecken In einer gut geführten Welpengruppe werden Welpen auch an unterschiedliche Untergründe herangeführt.

Wer bist denn du? In der Welpengruppe lernt Ihr Welpe Welpen anderer Rassen in entspannter Umgebung kennen.

Prägung und Sozialisierung

Die ersten sechzehn Lebenswochen sind besonders wichtig. Hier findet die Gewöhnung an die Umwelt statt, die Phase der Prägung und Sozialisierung. Für diese wichtige Zeit gibt es kein Patentrezept. Ein gut sozialisierter Welpe hat bereits beim Züchter ausreichend Kontakt zu verschiedenen Menschen, lebt mit seiner Mutter, seinen Geschwistern und eventuell anderen Hunden in einem Verband und wurde mit diversen Außenreizen konfrontiert, z. B. mit einem Staubsauger, unterschiedlichen Lärmquellen oder einer Autofahrt. Er hat also viele Dinge und Situationen kennengelernt, die in seinem späteren Leben eine wichtige Rolle spielen können. Ist Ihr Welpe bei Ihnen eingezogen, sollte dieses „gemeinsame Erleben" fortgesetzt werden. Geben Sie ihm Halt und Orientierung und zeigen Sie ihm, was das Leben bei Ihnen zukünftig bedeutet: Besuchen Sie Cafés, fahren Sie mit öffentlichen Verkehrsmitteln oder besuchen Sie eine Reitanlage, wenn Ihr Hund Sie später einmal auf Ausritten begleiten soll. Er ist jetzt offen für alles Neue und lernt besonders nachhaltig.

Auch wenn Ihr Hund älter wird, kann er natürlich noch viele Dinge lernen. Hunde lernen ein Leben lang und sind berühmt für die von Dr. Erik Zimen beschriebene „doppelte Identität", die besagt, dass ein Hund sich sowohl seiner eigenen als auch einer fremden Art, z. B. dem Menschen, in seinem Verhalten anpassen kann.

Gewöhnung an die Umwelt

Der Zeitraum, in dem Ihr Welpe am besten lernt und Dinge aufnehmen und verarbeiten kann, liegt zwischen der 4. und der 12. Lebenswoche. Mit Beendigung der vierten Lebenswoche sind die Sinnesorgane Ihres Welpen voll ausgebildet und er wird so automatisch mit einer immer größeren Fülle von Umweltreizen konfrontiert. Das bringt seine Gehirnentwicklung auf Trab. Sie können sich diese Entwicklung wie eine Art Straßennetz vorstellen. Je häufiger Sie eine Straße befahren, desto sicherer fahren Sie auf ihr. Straßen, die Sie nur selten benutzen, werden Sie vorsichtiger befahren. Fehlen in dieser sensiblen Phase die Sinnesreize, bleibt die Bildung entsprechender Nervenverknüpfungen zurück und kann nicht mehr „nachgeholt" werden. Während der kurzen Zeit bis zur zwölften Lebenswoche ist Ihr Welpe aufgeweckt, neugierig und geht unbefangen auf alles Neue zu. Mit zunehmendem Alter, ca. ab der 13. Woche, wird Ihr Welpe misstrauischer, weil sich zu seiner Neugierde nun auch Angst gesellt. Das ist aber völlig normal, machen Sie sich keine Sorgen und versuchen Sie, Ihrem Welpen eine souveräne Leitfigur zu sein. ∎

Ab ins Leben Alltagssituationen, z. B. ein Ausflug in die Stadt, meistert Ihr Welpe mit Ihrer Hilfe ganz gelassen.

ERZIEHUNGS-BASICS
Sitz, Platz, Nein

„SITZ" UND „PLATZ" kann Ihr Welpe eigentlich schon, bevor er bei Ihnen einzieht. Er muss jetzt nur noch lernen, es auf Ihr Signal hin zu tun. Beginnen Sie spielerisch, Ihrem Welpen „Sitz" und „Platz" auf Signal mithilfe von Leckerli beizubringen.

„Sitz"

Setzen Sie sich vor Ihren Welpen auf den Boden, nehmen Sie ein Leckerli in die geschlossene Hand und führen Sie dieses von der Nase Ihres Welpen über seinen Kopf. Schnell wird er merken, dass er an das Leckerli nicht so einfach herankommt, und wird sich setzen – was er allein aus anatomischen Gründen machen muss. Sobald er sitzt,

öffnen Sie die Hand, sagen „Sitz" und geben ihm das Leckerli. Üben Sie das „Sitz" erst zu Hause, ohne viel Ablenkung. Klappt das zuverlässig, können Sie das „Sitz" in unterschiedlichen Situationen trainieren.

„Platz"

Am einfachsten ist es, wenn Sie das „Platz" aus dem „Sitz" heraus trainieren. Nehmen Sie ein Leckerli in die geschlossene Hand und führen Sie es von der Nase Ihres Hundes auf den Boden. Achten Sie darauf, dass Ihre Hand möglichst nah an der Nase bleibt. Ihr Welpe wird das Leckerli haben wollen und sich dafür zwangsläufig irgendwann hinlegen.

Ganz leicht Das „Sitz" können Sie mit Ihrem Welpen vom ersten Tag an üben.

Etwas schwieriger Das „Platz" erfordert schon ein bisschen mehr Konzentration von Ihnen und Ihrem Hund.

Vielseitig „Nein" kommt immer dann zum Einsatz, wenn Ihr Hund etwas Unerwünschtes tut.

Sobald er auf dem Boden liegt, öffnen Sie Ihre Hand, geben ihm das Leckerli und sagen „Platz". Gerade wenn das „Platz" neu eingeübt wird, kommt es oft dazu, dass der Welpe, wenn er sich endlich hingelegt hat, mit dem ersten Loben sofort wieder aufspringt. Besonders bei temperamentvollen Hunden passiert das häufig. Hier brauchen Sie besonders viel Geduld und Konsequenz.

„Nein"

Das „Nein" ist ein sehr wichtiges Signal, das Ihr Welpe so früh wie möglich lernen sollte, da es mitunter lebenswichtig sein kann. Das „Nein" bedeutet: „Egal, was du gerade tust oder vorhast zu tun, lass es!" Das gilt in diesem Fall wirklich für alles, für das Jagen von Katzen, das Annagen von Stuhlbeinen oder für das Fressen von unerwünschten Dingen. Hat Ihr Hund bereits etwas aufgenommen, also bereits im Maul, gilt das Signal „Aus" für ausgeben bzw. ausspucken. Das „Nein" soll verhindern, dass Ihr Hund überhaupt etwas Unerwünschtes aufnimmt.

Mit dem „Nein"-Training beginnen Sie, sobald Ihr Welpe bei Ihnen eingezogen ist. In dem Moment, in dem Ihr Hund etwas Unerwünschtes tut, sagen Sie streng „Nein", heben Ihren Welpen hoch und setzen ihn an anderer Stelle wieder ab. Bieten Sie ihm nun eine andere Beschäftigung an, z. B. einen Kauknochen, an dem er nagen kann, und loben Sie ihn kräftig, wenn er sich diesem zuwendet. Alternativ können Sie Ihren Welpen auch einmal deutlich, aber angemessen in die Hautfalte zwischen Bauch und Oberschenkel kneifen und dabei streng das Wort „Nein" sagen. Wichtig ist, dass Ihr Hund Ihr „Nein" auch mit seiner Handlung in Verbindung bringt. Eine Bestrafung für eine Handlung, die schon mehrere Minuten oder gar Stunden zurückliegt, kann Ihr Hund nicht verstehen und ist daher vollkommen sinnlos. ◼

SITZ, PLATZ UND NEIN Sie wollen noch mal sehen, wie man es richtig beibringt? In diesem Film wird es gezeigt. Unter www.m.kosmos.de/14408/v7 erhalten Sie die gleichen Infos.

RÜCKRUF UND
spazieren gehen

ZUVERLÄSSIGER RÜCKRUF Das „Hier" bzw. der zuverlässige Rückruf ist in meinen Augen das wichtigste Signal, das Ihr Hund lernen sollte. Es hilft Ihnen nämlich überhaupt nicht, wenn er zwar „Sitz", „Platz" und „Fuß" beherrscht, sich aber nicht von Ihnen zurückrufen lässt. Lernt Ihr Hund das zuverlässige Zurückkommen nicht, droht ihm ein Leben an der Leine – und das ist absolut nicht hundegerecht.

Trainieren Sie das „Hier" aus diesem Grund von Anfang an. Rufen Sie Ihren Welpen sooft es geht zu sich. Gehen Sie dazu in die Hocke und breiten Sie die Arme aus, Sie wirken so weniger bedrohlich auf ihn. Rufen Sie Ihren Hund nun mit dem ausgewählten Rückrufsignal, z. B. dem „Hier" und mit heller und freundlicher Stimme zu sich. Ist er bei Ihnen angekommen, loben Sie ihn sofort überschwänglich. Es muss für Ihren Hund das Allertollste sein, dass er zu Ihnen kommt – und das muss er auch spüren. Kommt er nicht sofort zu Ihnen, laufen Sie in die entgegengesetzte Richtung und machen Sie sich interessant: quietschen Sie oder zappeln Sie herum. Hauptsache, Ihr Hund hält Sie für spannend. Ist Ihr Welpe bei Ihnen angekommen, lassen Sie ihn nicht sofort wieder weg. Halten Sie ihn fest und streicheln Sie ihn. Nach ein paar Sekunden lassen Sie ihn wieder los und überlegen Sie sich auch dafür ein Signal, wie z. B. „Gut" oder „Lauf". Wiederholen Sie diese Übung einige Male.

Warten Lassen Sie Ihren Hund anfangs nicht zu lange auf den Rückruf warten. Dafür fehlt ihm noch die Übung.

Freude pur Für Ihren Welpen soll es das Beste sein, zu Ihnen zu kommen. Freuen Sie sich riesig, wenn er angeflitzt kommt.

Erlebnisreich Gestalten Sie Spaziergänge abwechslungsreich, aber überfordern Sie Ihren Welpen nicht durch zu viel Aktionismus.

Durch das Signal „Lauf" lernt er, dass er nicht eigenständig loslaufen darf und so lange bei Ihnen bleiben soll, bis er wieder losgeschickt wird. Danach hat er Freizeit und darf sich wieder wichtigen Hundedingen widmen.

Kurze Spaziergänge

Gehen Sie mit Ihrem Welpen anfangs nicht länger als zehn Minuten spazieren. Mit zunehmendem Alter sollten Sie Länge und Dauer des Spaziergangs steigern. Im Vordergrund steht zunächst, dass Ihr Welpe seine Umwelt erkundet und verschiedenen optischen und akustischen Reizen ausgesetzt wird.

Auf Ihren täglichen Runden werden Sie immer wieder andere Menschen mit Ihren Hunden treffen. Diese Sozialkontakte sind für Ihren Welpen extrem wichtig, sowohl für seine geistige als auch für seine körperliche Entwicklung. Treffen Sie auf einen angeleinten Hund, leinen Sie Ihren ebenfalls an und fragen Sie den Besitzer, ob die Hunde miteinander spielen dürfen.

Abwechslungsreich

Gestalten Sie die Spaziergänge so abwechslungsreich wie möglich. Lassen Sie Ihren Welpen über Baumstämme klettern, unter Astgabeln durchkriechen oder um Bäume rennen. Diese gemeinsamen Spiele stärken die Bindung zwischen Ihnen und Ihrem Hund und fördern außerdem seine motorische Entwicklung.

Überfordern Sie Ihren Welpen nicht gleich zu Beginn, indem Sie ihm einer Reizüberflutung aussetzen, ihn z. B. schon in der ersten Woche in eine belebte Fußgängerzone schleppen. Fangen Sie mit ruhigeren Seitenstraßen und Wohnvierteln an und steigern Sie das Maß an Reizen langsam. ■

Denken Sie immer vorausschauend und rufen Sie Ihren Welpen rechtzeitig, wenn vermeintliche Gefahrenquellen im Anmarsch sind. So kann er in Ruhe beobachten, wie Autos, Jogger, Kinder oder Reiter an ihm vorbei ziehen. Wenn nötig, können Sie außerdem reagieren, wenn er z. B. einem Jogger hinterherjagen möchte.

Hundebegegnungen
GELASSEN MEISTERN

Ihr Hund braucht über die Welpengruppe hinaus regelmäßige Kontakte zu anderen Hunden. Überwiegend sollte er frei, d. h. unangeleint laufen können. Nur so kann er wichtige Sozialkontakte mit Artgenossen pflegen. Im Freilauf kann er außerdem die Welt erkunden und immer wieder neue Dinge entdecken. Gestalten Sie Ihre Spaziergänge aus diesem Grund abwechslungsreich und wechseln Sie möglichst oft Ihre Spaziergehrunden.

Benimmregeln

Trotz aller Freiheitsliebe gibt es bestimmte „Benimmregeln", die Sie und Ihr Hund bei Begegnungen mit fremden Hunden befolgen sollten. Kommt Ihnen ein fremder und angeleinter Hund entgegen, sollten Sie Ihren auch anleinen. Vermutlich gibt es außerdem einen guten Grund, dass der andere Hund an der Leine ist. Er könnte verletzt oder unverträglich gegenüber Artgenossen sein, eine Hündin könnte läufig sein. Kommen Sie selbst in die Situation, dass Ihnen ein unangeleinter Hund entgegenkommt, gibt es für Sie mehrere Möglichkeiten zu reagieren. Ist Ihr Hund klein oder noch ein Welpe, können Sie ihn auf den Arm nehmen, um ihn zu beschützen (das sollte allerdings die absolute Ausnahme bleiben). Oder Sie stellen sich schützend vor Ihren Hund und zeigen mit Ihrer Körpersprache deutlich, dass kein Weg an Ihnen vorbeigeht.

Hundekontakte sind wichtig

Als stolzer Welpenbesitzer dürfen Sie Hundebegegnungen auf gar keinen Fall aus dem Weg gehen. Ihr Welpe muss lernen, sich erwachsenen Hunden gegenüber angepasst zu verhalten. Klären Sie vor der Kontaktaufnahme ab, ob der jeweilige Hund mit Welpen zurechtkommt, denn einen generellen Welpenschutz gibt es nicht. In einer Welpengruppe lernt Ihr Welpe zwar ebenfalls, sich richtig zu verhalten, allerdings meistens gegenüber Gleichaltrigen und ab und an

Vertrauen Wird Ihr Hund von anderen Hunden bedrängt, sollten Sie ihn mithilfe Ihres Körpers schützen. Das schafft Vertrauen.

Leinen los Haben Sie und der andere Hundebesitzer sich verständigt, können beide Hunde nach Herzenslust toben.

Aufgepasst Lassen Sie Ihren Hund nicht aus den Augen und greifen Sie ein, wenn das Spiel außer Kontrolle gerät.

geeigneten erwachsenen Hunden. Diese Hunde kennt Ihr Hund irgendwann und wird sich dementsprechend verhalten. Immer wieder neue Kontakte zu fremden Hunden sind daher besonders wichtig.

Ein höfliches Hallo!

Wenn gut sozialisierte Hunde aufeinandertreffen, gehen sie eher langsam aufeinander zu und stellen sich nebeneinander. Dabei wird die Analregion des jeweils anderen Hundes ausgiebig beschnüffelt – man will schließlich wissen, mit wem man es zu tun hat. Danach ist die Lage ausgekundschaftet und man geht seiner Wege oder es bahnt sich ein Spiel an. Auch bei Hunden gibt es Sympathie und Antipathie. Sie sollten das akzeptieren.
Ist Ihr Hund angeleint und Sie treffen auf einen ebenfalls angeleinten Hund, sprechen Sie den Besitzer an, ob er mit einer Kontaktaufnahme einverstanden ist. Wenn ja, können Sie Ihren Hund ableinen, da der andere Hundebesitzer es auch macht. Die Hunde können sich nun in Ruhe kennenlernen.

Die Sache mit der Leine

An der Leine sollten Sie möglichst keine Hundebegegnungen zulassen, und wenn, dann nur an sehr lockerer Leine. Der Grund dafür: An kurzer und/oder gespannter Leine kann Ihr Hund sich nur sehr eingeschränkt verhalten und kaum der Situation angemessen mit seinem Gegenüber kommunizieren. So entstehen Missverständnisse und es kann schnell zu Pöbeleien und aggressivem Verhalten kommen.
Auch sollten Sie es vermeiden, Ihren Hund an der Leine frontal auf einen anderen Hund zuzuführen. Die beiden Hunde müssen sich dann fast automatisch in die Augen gucken. Direkter Blickkontakt bedeutet in der Hundesprache, dass das Gegenüber eine Konfrontation nicht scheut. Genau diese wollen Sie jedoch vermeiden. ■

HUNDEBEGEGNUNGEN Für Welpen ist Hundekontakt wichtig. Hier sehen Sie verschiedene Begegnungen. Unter www.m.kosmos.de/14408/v8 erhalten Sie die gleichen Infos.

RICHTIG
spielen

RICHTIGES SPIEL ist ein wesentlicher Bestandteil einer guten Beziehung zwischen Ihnen und Ihrem Hund. Es fördert die Bindung und das ist das Wichtigste überhaupt. Für Ihren Hund sollten Sie der Mittelpunkt seines Lebens sein. Das gemeinsame Spiel verbindet, denn Sie unternehmen etwas zusammen, das beiden Spaß macht.

Beginn und Ende

Beginn und Ende des Spiels bestimmen Sie, zumindest wenn Ihr Hund ständig Spielstunden einfordert. Wirft er Ihnen ein Spielzeug vor die Füße, kläfft und nervt, sollten Sie ihn ignorieren. Warten Sie ab, bis er sich anderen Dingen zuwendet und spielen Sie dann mit ihm. Je nach

EIN BLICK SAGT MEHR ALS TAUSEND WORTE
Schauen Sie nicht sofort weg, wenn Ihr Hund Sie im Spiel anschaut. In diesem Moment findet Kommunikation zwischen Ihnen statt. Ihr Hund fragt nach, was tun darf, wie es weitergeht. Denn schließlich ist es Ihr Tun, Ihre Persönlichkeit, die Ihren Hund zu diesem Spiel animiert.

Hundetyp kann man die Regeln lockern oder anziehen. Ein zurückhaltender schüchterner Welpe wird bestärkt, wenn er die Initiative ergreift, ein fordernde Nervensäge wird ignoriert. Sie können auch ohne ein Spielzeug mit Ihrem Hund spielen. Rennen Sie ein Stück mit ihm, bleiben Sie abrupt stehen und verharren dann stockssteif. Fangen Sie eine kleine Rauferei an,

Lebensfreude Die meisten Hunde spielen sehr gern mit dem Ball: Jagen, fangen und zurückbringen.

Kontrolle Achten Sie darauf, dass Sie bestimmen, wann das Spiel beginnt und wann es endet.

Ausprobiert Im Spiel können Sie testen, ob Ihr Hund die von Ihnen gesteckten Grenzen akzeptiert.

Lass das! Zerrt Ihr Hund an Ihrer Hose, unterbrechen Sie dies sofort und machen ihm klar, dass Hosebeißen unerwünscht ist.

stupsen Sie ihn in die Seite usw. Dann rennen Sie plötzlich wieder los, schlagen einen Haken und bleiben wieder stehen. Sie können sich auch klein machen oder wegducken.

Grenzen testen

Während des Spiels können Sie hervorragend das Grenzensetzen üben. Nehmen Sie z. B. ein Tau, mit dem Sie und Ihr Hund ein Zerrspiel beginnen. Zeigen Sie ihm den Gegenstand und machen Sie sich interessant, gehen Sie umher, verstecken Sie das Tau kurz unter Ihrem Arm und wedeln Sie damit herum. Wenn Ihr Hund aufmerksam ist, geben Sie ihm den Gegenstand mit ruhiger Stimme und verwenden dafür das gleiche Signal, z. B. „Nimm es" oder „Gut". Beginnen Sie ein Zerrspiel. Spielen Sie eine Weile mit ihm und beenden Sie dann das Spiel mit Ihrem Abbruchsignal, z. B. mit „Aus" oder „Schluss", ebenfalls in ruhigem Ton. Nachdem Sie das Abbruchsignal gegeben haben, bleiben Sie ruhig stehen und halten den Gegenstand einfach nur fest. Durch Ihr regloses Verhalten wird der nun „tote" Gegenstand uninteressant. Lässt Ihr Hund ihn los, loben Sie Ihn und spielen sofort weiter.

Grenzen setzen

Lässt Ihr Hund den Gegenstand nicht los, müssen Sie einen anderen Weg wählen. Greifen Sie mit Ihrer freien Hand über die Schnauze Ihres Welpen und drücken Sie die Lefzen leicht gegen seine Zähne. Das ist für Ihren Welpen unangenehm und er wird den Gegenstand sofort loslassen. Loben Sie ihn und spielen Sie weiter. Wiederholen Sie diesen Vorgang einige Male. Ihr Welpe wird schnell lernen, dass sein Verhalten für ihn unangenehme Konsequenzen hat und in Zukunft auf Ihr Abbruchsignal reagieren. Achten Sie darauf, dass auf ein Signal auch eine Reaktion/Konsequenz folgt, wenn Ihr Hund das Signal ignoriert.

Langfristiges Ziel sollte sein, dass Ihr Hund sich nicht nur im Spiel, sondern in seinem generellen Tun auf Ihr Signal hin jederzeit unterbrechen lässt. ■

RICHTIG SPIELEN Das Spiel mit Hund verbindet. Hier sehen Sie, worauf man achten sollte. Unter www.m.kosmos.de/14408/v9 erhalten Sie die gleichen Infos.

HUNDE UND
Kinder

SPIELKAMERAD Hunde und Kinder gehören zusammen – das hat mein Opa jedenfalls immer gesagt und ich gebe ihm Recht. Ein Hund ist ein toller Spielkamerad für Kinder und sie lernen durch den Umgang mit ihm, Verantwortung zu übernehmen und auf ihr Gegenüber zu achten. Haben Sie Kleinkinder und/oder jüngere Kinder, sollten Sie diese allerdings nie allein mit Ihrem Hund lassen, da Kinder mitunter unberechenbar reagieren können. Sie können Ihrem Hund z. B. an den Ohren oder am Schwanz ziehen und der könnte dann nach Ihrem Kind schnappen –

und damit hätte er aus Hundesicht sogar Recht bzw. er würde Ihrem Kind nur nach Hundeart sagen, dass es das lassen soll. Für Ihr Kind wäre diese Erfahrung schrecklich und ein harmonisches Miteinander wäre stark gefährdet. Lassen Sie Ihr Kind also nie mit Ihrem Hund allein. Ist Ihr Kind bereits älter (6 Jahre +), erklären Sie ihm außerdem, dass unter Umständen nicht jeder Hund so freundlich ist wie der eigene. Ein Hund, der keine Kinder kennt, kann sich durch ungestümes Verhalten bedrängt und bedroht fühlen und unter Umständen zuschnappen.

Echte Freunde Hunde und Kinder sind ein tolles Team, sollten aber auf jeden Fall beaufsichtigt werden.

Kennenlernen Auch Kinder müssen lernen, wie man Hunden richtig begegnet.

Kinderfreundliche Rassen?

In vielen Rassebeschreibungen steht, dass die jeweilige Rasse besonders kinderfreundlich sei. Diese Aussage birgt eine gewisse Gefahr in sich, wenn hundeunerfahrene Eltern sich darauf verlassen und denken, der Welpe sei nun der ideale Familien- und Kinderhund, ohne dass sie selbst etwas dazu beitragen müssen. Ob ein Hund mit Kindern zurechtkommt, hängt weniger von der Rassezugehörigkeit ab, sondern vielmehr von dem Umfeld, in dem er aufwächst, von gemachten Erfahrungen und seiner Sozialisierung.

Umgang mit Hunden

Einige Punkte sollten Sie Ihren Kindern unbedingt beibringen, wenn es um den Umgang mit Hunden geht:

- Nicht von oben auf den Kopf fassen, lieber an der Brust und an den Ohren kraulen.
- Nicht an Schwanz oder Ohren ziehen oder in Augen oder Nasenlöcher pieksen.
- Nicht von hinten nähern und den Hund erschrecken.
- Den Hund nicht in die Enge treiben.
- Den Hund nicht beim Schlafen oder Fressen stören.
- Nicht laut schreiend vor dem Hund davonlaufen.
- Den Hund nicht anpusten.
- Den Hund in Ruhe lassen, wenn er knurrt oder weggeht.
- Keine erzieherischen Signale geben, die kann Ihr Kind nicht durchsetzen.

Trotz aller Vorsichtsmaßnahmen sollten Kinder und Hunde nie unbeaufsichtigt allein gelassen werden. Beide können recht wild sein und ihr Verhalten ist nicht immer vorhersehbar.

Wir mögen uns Zwei, die sich verstehen und gut miteinander klarkommen – meist rein intuitiv.

Kleine Hundetrainer Wenn Ihr Kind mit dem Hund übt, sollten Sie auf jeden Fall Hilfestellung leisten.

Anspringen
UND ALLEINBLEIBEN

ANSPRINGEN Das Anspringen ist ein ganz normales Hundeverhalten, das nur für uns Menschen störend ist. Ihr Hund versucht lediglich, Sie nach Hundeart durch Schnauzenkontakt zu begrüßen. So macht er es auch bei seinen Artgenossen. Hinzu kommt, dass das Schnauzelecken und -berühren eine wichtige Beschwichtigungsgeste

unter Hunden ist und außerdem dazu dient, die Hundemutter zum Herauswürgen von vorverdautem Futter zu bewegen (siehe Seite 55). Bezogen auf Ihren Welpen bedeutet das Anspringen also, dass er Sie artgemäß begrüßen möchte. Da er an Ihre „Schnauze" aber nicht ohne Weitere herankommt, bleibt ihm nichts

Hochspringen Hundekinder müssen lernen, dass Menschen nicht mit einem freundlichen Schnauzelecken begrüßt werden wollen.

Ablenkung Geben Sie Ihrem Welpen einen Kauknochen, bevor Sie ihn allein lassen. Dann ist er beschäftigt.

In der Box warten Ist Ihr Hund an die Box gewöhnt, können Sie ihn während der Alleinbleib-Übung auch in die Box setzen.

anderes übrig als hochzuspringen. Trotzdem kann und muss er lernen, dass eine Begrüßung zwischen Mensch und Hund auch anders aussehen kann.

Das Anspringen Ihres Hundes sollten Sie von Anfang an konsequent verhindern. Gehen Sie in die Hocke, um Ihren Welpen zu begrüßen. Dann kommt er gar nicht erst in Versuchung, Sie anzuspringen. Versucht er es doch oder kommen Sie nicht schnell genug in die Hocke, greifen Sie rasch in sein Halsband oder in sein Fell und sagen deutlich und mit scharfem Ton „Nein".

Runter

Wenn Ihr Welpe also bei jeder Gelegenheit hoch- oder Sie anspringt, können Sie ihm leicht das Signal „Runter" beibringen. Ihr Hund soll sich dabei selbst erziehen. Befestigen Sie eine dünne Nylonleine an seinem Halsband. Immer wenn Sie das Gefühl haben, dass Ihr Hund gleich hochspringt, sagen Sie „Runter" und treten gleichzeitig auf die Leine. Diese strafft sich, sobald er hochspringt. Er verursacht so einen unangenehmen Ruck an seinem Halsband und straft sich selbst damit. Sobald er stehen bleibt, loben Sie ihn überschwänglich. Wenn er erneut versucht hochzuspringen, lassen Sie den Fuß auf der Leine stehen. Schnell wird Ihr Hund begreifen, dass Hoch- bzw. Anspringen nichts bringt, außer Druck am Hals, wohingegen ruhiges Verhalten, mit allen vier Pfoten auf dem Boden, belohnt wird.

Alleinbleiben

Es wird immer Situationen geben, in denen Ihr Hund nicht dabei sein kann. Daher sollte er so früh wie möglich lernen, allein zu bleiben. Beginnen Sie mit dem Alleinbleiben-Üben, sobald Ihr Welpe sich bei Ihnen eingewöhnt hat. Am besten üben Sie, wenn er gefressen, gespielt, sein Geschäft gemacht hat und müde ist. Setzen Sie ihn in seine Transportbox oder in sein Körbchen und legen ihm einen Kauknochen oder ein Spielzeug dazu, damit er sich beschäftigen kann. Streicheln Sie ihn kurz, aber veranstalten Sie keine große Abschiedsszene. Verlassen Sie ruhig und unaufgeregt den Raum. Ist Ihr Welpe nicht an eine schließbare Transportbox gewöhnt, sollten Sie ihn in einem Raum lassen, wo er nicht viel Schaden anrichten kann. Lassen Sie ihn anfangs nur wenige Minuten allein. War er während Ihrer kurzen Abwesenheit ruhig, gehen Sie zu ihm und loben ihn, doch auf keinen Fall überschwänglich. Schließlich soll er nicht den Eindruck bekommen, dass das Alleinbleiben eine besonders großartige Tat ist.

War er während Ihrer Abwesenheit unruhig und hat gefiept und gejault, gehen Sie zu ihm zurück, streicheln Sie ihn kurz und verlassen sofort wieder den Raum. Bleibt Ihr Hund ruhig, kommen Sie gleich zurück und loben ihn. Wenn Ihr Welpe jault und winselt, sollten Sie nicht ins Zimmer gehen. Sie würden so ein unerwünschtes Verhalten – das Jaulen und Winseln – bestätigen. ■

VON ANGST UND SITUATIVER *Dominanz*

UNSICHERHEIT UND ANGST Ab der 13. Woche befindet sich Ihr Welpe in einer Art „Fremdelphase". Viele Dinge verunsichern oder ängstigen ihn plötzlich. Hatte er noch zwei Wochen zuvor keine Angst vor der Mülltonne, so kann diese ihm nun als ein unbekanntes Monster erscheinen. Machen Sie jetzt nicht den Fehler und „trösten" Sie Ihren Welpen. So bestärken Sie, wenn auch unbewusst, das ängstliche Verhalten. Er wird sich in seiner Unsicherheit oder Angst bestätigt fühlen und dieses Verhalten im ungünstigsten Fall zukünftig häufiger zeigen.

Bleiben Sie entspannt

Reagieren Sie auf keinen Fall verärgert oder wütend. Versuchen Sie Ihren Welpen so souverän wie möglich an den „gefährlichen" Gegenständen vorbeizuführen und loben Sie ihn, wenn er seinen Gang mutig überstanden hat. Beugen Sie solchen Situationen vor, indem Sie ihn mit möglichst vielen Gegenständen, Geräuschen und Situationen bekannt machen, damit er seiner Umwelt zukünftig gelassen und entspannt begegnet. Hat Ihr Welpe also z. B. Angst vor einer Mülltonne,

Unsicherheit Manches, was der Welpe eigentlich schon kennt, kann ihm in der Fremdelphase plötzlich als Monster erscheinen.

Neugier Auf seinen Erkundungstouren kann Ihr Welpe ganz schön Unordnung anrichten.

verhalten Sie sich zunächst neutral. Ihr Welpe ist nämlich nicht nur ängstlich, er ist auch neugierig. Vielleicht wird er sich nach einigem Vor- und Zurückpirschen dafür entscheiden, die Mülltonne näher zu betrachten. Loben Sie ihn, wenn er sich schlussendlich an die Mülltonne herantraut. Klappt das nicht, ziehen Sie Ihren Welpen auf keinen Fall zur Mülltonne. Gehen Sie zur Tonne, berühren Sie den Deckel und klopfen Sie leicht dagegen, hocken Sie sich neben diese und versuchen Sie, sein Interesse zu wecken. Er wird sicherlich schnell neugierig werden und sich Ihnen und der Tonne nähern. Wenn die Monstertonne Sie nicht frisst, wird er darauf setzen, dass sie auch für ihn ungefährlich ist. Loben Sie ihn ausgiebig, wenn er sich zu Ihnen traut.

Rangordnung

Die meisten Welpen akzeptieren problemlos, dass sie in der Rangordnung ganz unten stehen. Es gibt aber auch Hunde, die bereits im Welpenalter ein äußerst dominantes Verhalten an den Tag legen. Sie reiten permanent auf, tun sich mit dem Erlernen der Beißhemmung schwer oder verteidigen ihr Futter oder Spielzeug.

Verhält sich Ihr Welpe wie beschrieben, ist das Auf-den-Rücken-Drehen eine mögliche Maßnahme. Packen Sie Ihren Welpen hierzu im Nackenfell, drücken Sie ihn mit einem „Nein" oder einem anderen Abbruchwort auf den Rücken und halten diese Position so lange, bis Ihr Welpe aufhört zu strampeln und sich Ihnen unterwirft.

Unterschätzen Sie dieses dominante Verhalten auf keinen Fall. Ist Ihr Hund erst erwachsen und erkennt Sie nicht als souveräne Führungspersönlichkeit an, haben Sie ein Problem. Hier gilt: Wehret den Anfängen. ■

REGELN FÜR DEN UMGANG MIT EINEM DOMINANTEN WELPEN

- Gehen Sie nicht auf die Spielaufforderung Ihres Welpen ein, sondern bestimmen Sie, wann und wie lange gespielt wird.
- Lassen Sie Ihren Welpen einen Moment warten, bis er an sein Futter darf.
- Achten Sie auf Ihre Konsequenz.
- Verlangen Sie nichts, was Sie nicht auch durchsetzen können.
- Lassen Sie Ihren Welpen nur dann ins Bett oder aufs Sofa, wenn Sie es erlauben.
- Er sollte das Sofa ohne Diskussion verlassen, wenn Sie ihn hinunterschicken.
- Verhalten Sie sich Ihrem Welpen gegenüber möglichst immer souverän und gelassen.

Haustiere
UND AUTOFAHREN

AUTOFAHREN Unternehmen Sie anfangs nur kurze Autofahrten mit Ihrem Welpen und beenden Sie diese mit einem positiven Erlebnis, z. B. mit einem kleinen Spaziergang oder einem Treffen mit anderen Hunden. Dadurch wird das Autofahren schnell zu einer tollen Sache.

Fährt Ihr Welpe nicht gern Auto, können Sie Folgendes versuchen: Füttern Sie ihn im Auto ohne laufenden Motor, wiederholen Sie dieses Prozedere einige Male. Im zweiten Schritt wird er bei laufendem Motor gefüttert. Reden Sie dabei beruhigend auf ihn ein. Klappt das gut, können Sie eine kurze Autofahrt wagen.

Manchen Welpen wird beim Autofahren schlecht, weshalb sie nicht gern mitfahren. Hier sollten Sie vermeiden, dass sie aus dem Fenster gucken können. Die vorbeirauschende Landschaft kann Übelkeit verursachen.

Hallo du da Ihr Welpe sollte möglichst viele Tierarten kennenlernen, die ihm in seinem weiteren Leben begegnen werden.

Freund Katze Viele Hunde akzeptieren die Katze in der eigenen Familie, jagen aber fremde Katzen, die sie draußen treffen.

Unter Aufsicht Sonst könnte der Welpe in seinem jugendlichen Übermut andere Haustiere falsch einschätzen oder verletzen.

Hunde und andere Haustiere

Ihr Welpe wird gegenüber allem Neuen aufgeschlossen und neugierig sein. Auch anderen Tieren wird er zunächst mit dieser Offenheit begegnen. Nutzen Sie dies, um ihn mit anderen Tieren bekannt zu machen. Gehen Sie mit ihm in Gegenden spazieren, wo er z. B. Pferde, Kühe, Hühner und andere Tiere treffen kann. Lernt Ihr Welpe andere Tiere von Anfang an kennen, ersparen Sie sich später eine Menge Training, Stress und Ärger.

Leben in Ihrem Haushalt bereits andere Tiere, z. B. Katzen, Meerschweinchen oder Vögel, müssen Sie Ihren Welpen von Anfang an an diese Mitbewohner gewöhnen. Er muss lernen, dass diese Tiere zur Familie gehören und nicht als Beute anzusehen sind. Im Käfig gehaltene Tiere bleiben zunächst in ihrer sicheren Behausung, damit Ihr Welpe sich an deren Geruch und Bewegungen gewöhnen kann. Lebt bereits eine Katze in Ihrem Haushalt, sollten Sie die beiden Tiere zunächst nur unter Aufsicht zusammenlassen. In der Regel lernen die Hundekinder schnell, wer zur Familie gehört und wer nicht, und Katzen wissen sich in der Regel zu wehren.

Rückzugsmöglichkeiten

Damit das Familienglück auch von Dauer ist, sollten alle im Haushalt lebenden Tiere einen Rückzugsort haben, an dem sie ungestört schlafen und sich entspannen können. Dies gilt auch, wenn z.B. mehrere Hunde in einem Haushalt leben. Ein älterer Hund braucht seine Ruhepausen und muss einen Platz haben, der für den Welpen tabu ist – es sei denn, der Ältere möchte ihn bei sich haben. ■

Welpen-
SERVICE

Zum Weiterlesen

Bloch, Günther: **Der Wolf im Hundepelz**. Hunde-
erziehung aus unterschiedlichen Perspektiven.
Kosmos 2001

Feddersen-Petersen, Dorit: **Hundepsychologie**.
Sozialverhalten und Wesen. Kosmos 2004

Feddersen-Petersen, Dorit: **Ausdrucksverhalten beim
Hund**. Mimik und Körpersprache. Kosmos 2008

Führmann, Petra, Nicole Hoefs und Iris Franzke:
Die Kosmos Welpenschule. Kosmos 2012

Ganslosser, Udo: **Verhaltensbiologie für Hundehalter**.
Verhaltensweisen aus dem Tierreich verstehen
und auf Hunde beziehen. Kosmos 2011

Grewe, Michael: **Hoffnung auf Freundschaft**.
Das erste Jahr des Hundes. Kosmos 2012

Grewe, Michael: **Hunde brauchen klare Grenzen**.
Gesetze einer Freundschaft. Kosmos 2010

Zimen, Erik: **Der Hund**. Goldmann Verlag 2010

Zum Weiterclicken

www.vdh.de
Beim Verband für das Deutsche Hundewesen,
dem Dachverband für Hundezucht und Hunde-
sport in Deutschland, finden Sie alles über Rassen,
gelangen von dort zu den einzelnen Rasseclubs,
die wiederum mit den Homepages der Züchter
mit aktuellen Würfen verlinkt sind.

www.johanna-esser.de
Wenn Sie mehr über die Autorin wissen möchten
oder Spaß an ihrem Blog haben, können Sie einen
Blick auf ihre Homepage werfen.

www.canis-kynos.de
Hier finden Sie Hundeschulen, Hundewande-
rungen, Seminare und vieles mehr.

www.bhv-net.de/bhv-hundeschulen.html
Hundeschule gesucht? Hier finden Sie Hundeschulen in Ihrer Nähe. Der Berufsverband der
Hundeerzieher/innen und Verhaltensberater/
innen e.V. setzt sich für eine Ausbildung der
Hundetrainer ein und steht für eine art- und
tierschutzgerechte Erziehung.

SERVICE

Die Autorin

Johanna Esser, 1978 geboren im Rheinland, auf-
gewachsen in Hamburg und Schleswig-Holstein,
ist Fachjournalistin in Sachen Hund. Nach einen
Journalismus-Studium in Hamburg und einer
Ausbildung bei Canis, dem Zentrum für Kynolo-
gie in Deutschland, war der berufliche Weg klar:
Für interessante Geschichten über Menschen
und ihre Hunde, reist sie kreuz und quer durch
Europa. Hunde gehören seit frühester Kindheit
zu ihrem Leben. Dabei waren es schon immer
Jagdhunde, die sie besonders in ihren Bann zogen.
Die Faszination für diese Hunde ist geblieben, die
Zucht von English Pointern ist zu einer großen
Leidenschaft geworden.
Sie können sich mit Fragen an Johanna Esser
wenden. Mailen Sie an die „KOSMOS-Infoline".
hunde-infoline@kosmos.de

Danke

Ein großes Dankeschön geht an alle Welpenbesitzer, die ihre Hunde für das Fotoshooting
zur Verfügung gestellt haben. Außerdem
danke ich Dr. Thomas Greiner für seinen tier-
ärztlichen Rat, Daniela Drews für die tollen Fotos,
Bettina Hogen und Oliver Wermeling für den
Dreh der QR-Code-Filme und Alice Rieger,
für die reibungslose Zusammenarbeit mit dem
Kosmos Verlag und meinen Welpen, für die stän-
dige Inspiration und das Glück, sie aufwachsen
zu sehen. Das letzte und größte Dankeschön
geht an meinen Lebensgefährten Frank, der mir,
in seiner Funktion als Tierarzt, immer mit Rat
und Tat zur Seite stand und mich viele Abende
dem Schreibtisch überlassen musste.

Register

Tierheim 20
Tierschutzorganisa-
tion 21

IMPRESSUM

Bildnachweis

82 Farbfotos wurden von Daniela Drews/Kosmos für dieses Buch aufgenommen.
Weitere Farbfotos von tierfotoarchiv-drewka.de (2; S. 24, 33), tierfotoarchiv-drewka.de/Kosmos (3, S. 42 beide, 43), Johanna Esser (2; S. 20 beide), Oliver Giel (3; S. 29 beide, 70), Juniors Bildarchiv (1; S. 73), Robertino Nikolic (1: S. 78 o.), Anni Sommer/Picani (1; S. 13 Mitte), Michael Pramberger/Kosmos (1; S. 13 o.), Heike Schmidt-Röger (2; S. 36, 37), Heike Schmidt-Röger/Kosmos (4; S. 22 u., 30 beide, 64), Sandra Schürmans (1; S. 54 r.), Shutterstock (© like 1; S. 45, © Christian Müller 1; S. 9), Sabine Stuewer/Kosmos (9; S. 15 alle 3, 35 beide, 48 r., 49 r., 58 r., 72)

Die Filme für die QR-Codes wurden von OW Media Solutions GmbH für dieses Buch gedreht.

Impressum

Umschlaggestaltung von GRAMISCI Editorialdesign unter Verwendung von zwei Farbfotos von Daniela Drews/Kosmos

Mit 118 Farbfotos

Alle Angaben in diesem Buch erfolgen nach bestem Wissen und Gewissen. Sorgfalt bei der Umsetzung ist indes dennoch geboten. Der Verlag und die Autorin übernehmen keinerlei Haftung für Personen-, Sach- oder Vermögensschäden, die aus der Anwendung der vorgestellten Materialien und Methoden entstehen könnten. Es wird empfohlen, für die Online-Zusatzangebote WLAN zu verwenden. Das mobile Surfen ohne WLAN kann dazu führen, dass zusätzliche Kosten für die Datennutzung bei Ihrem Mobilfunkanbieter entstehen.

Unser gesamtes Programm finden Sie unter **kosmos.de**.
Über Neuigkeiten informieren Sie regelmäßig unsere Newsletter, einfach anmelden unter **kosmos.de/newsletter**

Gedruckt auf chlorfrei gebleichtem Papier

© 2015, Franckh-Kosmos Verlags-GmbH & Co. KG, Stuttgart
Alle Rechte vorbehalten
ISBN 978-3-440-14408-4
Redaktion: Alice Rieger
Gestaltungskonzept: GRAMISCI Editorialdesign, München
Gestaltung und Satz: Atelier Krohmer, Dettingen/Erms
Produktion: Angela List
Printed in Italy / Imprimé en Italie

FSC
www.fsc.org
MIX
Papier aus verantwortungsvollen Quellen
FSC® C023164